雑草ラジオ

狭くて自由なメディアで地域を変える、アマチュアたちの物語

瀬戸義章
Seto Yoshiaki

英治出版

はじめに

２０１４年、世界銀行主催のハッカソン〈レース・フォー・レジリエンス〉が開催され、先端ＩＴによる防災・減災のアイデアが競われました。

そのなかで、昔からの枯れた技術と最新技術を組み合わせて、受賞したＩＴがあります。「持ち運べる災害ラジオ局」というアイデアです。

スマホアプリと小型のＦＭ送信機・アンテナを組み合わせることによって、ラジオ放送に必要なすべてを鞄サイズに収めてしまおう。そうすれば、どんな被災地にも機材を持ち込んで、支援情報をすぐさま届けることができるじゃないか。

東日本大震災のボランティア活動などをきっかけとして、ＩＴの専門家でも技術者でもない私が、ふと思いついたアイデアです。

その後、このアイデアは「バックパックラジオ」として実用化され、インドネシアの火山地帯に配備されるようになりました。本書は、この取り組みについて物語ります。

……こうやって概要だけをお伝えすると、なんだか専門的で堅苦しいように聞こえるかもしれませんが、私がライター業の傍(かたわ)らで仲間たちとともに続けているこの活動は、「大人の部活動」のようなものだと思っています。楽器を持ち寄ってバンドを結成してライブ配信をしたり、マニアックなメンバー同士でトーク番組をつくってポッドキャストをすることと、同じです。

コンテンツの質を少しずつ工夫し改善していって、ファンが増えて、ついには晴れ舞台がもらえる。そんなの、面白いに決まってるじゃないですか。

おまけに、活動の半分は「旅」でした。びっくりするような光景を訪れ、旨いサテ（焼き鳥）やマンゴーをつまみながら興味深い話を聞く。そんなことをつなげていった結果が、災害多発地域における防災・減災力の向上だったのです。

科学技術を社会問題に応用することを「社会実装」と呼びますが、バックパックラジオの社会実装がうまくいった理由は、私たちの活動の結果だけではありません。日本とインドネシアで、いち早くラジオによる災害情報提供の効果に気づき、取り組みを続けてきた方たちがいればこそです。

実は、日本の「災害ラジオ局」は世界で最も先進的な制度です。被災地にラジオ放送が必要となれば、面倒な書類手続きをすべて省いて、即座に放送免許が交付されます。専用機材も届けられます。

そして世界で二番目に、日本を参考にして同様の制度を設けた国がインドネシアです。

いまどき、ラジオを特別なＩＴと見る人は少ないでしょう。音声だけしか伝えられず、放送範囲も限定的な代物です。しかし、数キロ先にしか届かない小さなラジオ放送だからこそ、できることがあります。それは、歩いて会える範囲の、目の届く範囲の、「私たち」を勇気づけ、力づけ、盛り上げることです。

大手のテレビやラジオ番組ほどに達者なトークはできなくとも、近所のお兄さんやおばちゃんや子どもたちが何を考えているのか、気づくことには意味があります。たとえ大きな災害に遭ったとしても、苦難を分かち合い、立ち直る道筋を話し合い、行動に移すことができるようになります。小さいラジオ局ほど、そんな力を持っているんです。

この本のPART1では、インドネシアと日本を舞台に、小さなラジオの力を発揮した先駆者たちのエピソードを紹介します。

PART2では語り口を変えて、私がどのように右往左往しながらバックパックラジオのアイデアを生み出し、仲間を集め、試作し、導入し、そして活用に至ったのかをまとめました。

インドネシアから物語を始めるのは、日本の常識をいったん忘れて、まるで初めて見るもののように「災害」や「ラジオ」に触れてほしいからです。きっと、見過ごしていたものに気づくことができるでしょう。

災害ラジオの本ではありますが、防災だけでなく、地域活性化やイノベーションなどのヒントに満ちた内容になったと思います。それが、あなたのどこかに届きますように。

雑草ラジオ

目次

PART 2

「持ち運べるラジオ局」への挑戦

3 熊本地震の体験から 157

4 そして社会実装へ 175

5 災害ラジオの未来 204

6 おわりに　ナローキャストを始めよう 216

PART 1 先駆者たちの伝記

［写真1］　ムラピ山の火砕流跡
（2017年9月撮影、写真提供：日比野純一）

小さなラジオ局、火山の村を変える

噴火で消えた聖なる岩

インドネシアの成人年齢である21歳になったとき、スキマン・モートー・プラトモは、ムラピ山の頂上を目指して歩きだした。

村の段々畑を通りぬけ、ヒメツバキやミモザアカシアの樹林帯を越え、枯れた川底の土砂を踏みしめていく。どれだけ急な斜面であっても、階段はもちろん、手すりや鎖なんてものはない。162センチのからだで地面の亀裂をひょいと跳び越え、木の枝につかまり、獣道めいた傾斜を駆け登る。

堆積した火山砂をジャリ、ジャリと踏みしめながら進むにつれ、エレファントグラス、シャクナゲ、ジャワエーデルワイスと、周辺に生える植物の背丈が短くなっていく。

やがて山中は、安山岩と玄武岩のガレ場となった。地表に噴き出たマグマが急速に冷やされて生まれた場所だ。どこもかしこも黒い岩と石と砂だらけ。緑あふれる熱帯の国とはとても思えない。下界と完全に切り離されたここは、まるで神話の世界だ。奇岩壁は巨人としてたたずみ、クレーターから立ちのぼる蒸気には精霊が踊る。そこかしこに、石が積まれて社がつくられている。

冷たい強風にあおられ、空気に灰が混じる。二酸化硫黄(いおう)の匂いが立ちこめてきた。足下から水蒸気が漏れる。岩は、触ると火傷(やけど)しそうなほどに熱い。

「噴火はここで起こるのか……」

スキマンは感慨に浸りながら、落石に注意して進む。

登りつづけること6時間。とうとうムラピ山の頂上、プンチャック・ガルーダに到達した。10メートルほど突き出たその岩は、神鳥ガルーダが翼を休めている姿から名づけられている。

ガルーダの背に立てば、南に賑やかなジョグジャカルタの街が拡がっているのが見えた。さらにその先にはパラントゥリティスの海、荒波のインド洋が望める。

大人の証しとして伸ばしはじめていた口ひげを風がくすぐる。疲労よりも、達成の高揚感が何倍にも勝る。幼い頃から聞かされてきた神話の世界を踏破し、スキマンの胸は誇らしさでいっぱいになった。

今はもうプンチャック・ガルーダは存在しない。

スキマンの初登頂から20年後、2010年の噴火によって砕け散った。

地質学と神話

ムラピ山はインドネシアのジャワ島中部に位置する。古都ジョグジャカルタから30キロしか離れていない、地球上で最も活発な火山のひとつだ［写真2］。

この山に西洋科学が持ち込まれたのは1836年にさかのぼる。オランダ軍医の仕事をさぼってジャワ島の自然観察をしていたドイツ人、ヴィルヘルム・ユングフンが植生と地質を細かく調査したのだ。若き探検家は何度も火山に登り、竹とガラスでできた気

［写真2］　噴煙を上げるムラピ山
（2018年5月11日撮影、写真提供：シナム・ミトゥロ・スタルノ）

圧計によって頂上の高さを２９２０メートルだと計測した。

その後の地質学は、ムラピ山がおよそ６万年前に生まれた成層火山であることを明らかにしている。噴火の繰り返しによって、溶岩や火山砕屑(さいせつ)物が厚塗りされて生まれた円錐状の火山だ。日本の富士山も成層火山の一種である。

ニュージーランドからインドネシア、フィリピン、日本、ベーリング海峡、南北アメリカ海岸まで太平洋をぐるりと一周する輪は環太平洋火山帯と呼ばれているが、英語のRing of Fireのほうがわかりやすい。地殻プレートの衝突によってつくられたこの「火の輪」は、地球にとってはガスコンロの火口のようなものだ。

インド・オーストラリアプレートとユーラシアプレートの島弧(とうこ)にあるムラピ山もまた、その火口のひとつである。ジャワ島の人々も、日本列島の人々も、火元のそばでずっと暮らしつづけてきた。

20世紀に入ってからムラピ山の噴火が観測されたのは１９０２年、１９０３年、１９０４年、１９０５年、１９０６年、１９０９年……と驚くほどのハイペースで、列挙するときりがない。５年以上ゆっくり眠ることがない火口付近には、地表に出たマグマが盛り上がってできた溶岩ドームがほぼいつでも見られる。この溶岩ドームが崩れることによって起こる雪崩(なだれ)のような火砕流は50回以上、発生している。ちなみに、１９９１

年に長崎県の雲仙岳で起こった火砕流も、こうしたムラピ型の火砕流だ。

繰り返す噴火はムラピの姿をつねに変え、成長させてきた。カラーコーンのようにきれいな円錐形のときもあれば、のこぎりのようにギザギザだったときもある。2019年時点での標高は2986メートル。最初の計測時から66メートルも背丈が伸びた。

この火山のお膝元、ムラピ山周辺の標高1000メートル圏内には、今なお1万人を越える人々が暮らしている。スキマンのふるさとであるシドレジョ村もそのひとつだ。

1977年、7歳のスキマンが松下電器のトランジスタラジオに触れたとき、まさか将来、自分の村にラジオ局を設立するとは思わなかっただろう。ただ、街から飛んでくる国営ラジオ放送を夢中になって聞いていた。

毎週水曜日の夜は、ワヤン・オラン（舞踊劇）が流れる時間だ。家族だけでなく、集落のみんなでゴザを敷いて、焚き火のようにラジオを囲む。村に電気は通っていない。電池式ラジオのスイッチを入れ、ダイヤルを少しずつ回して調整すると、ノイズの中から、鉄琴や太鼓、銅鑼（どら）の音が蠢（うごめ）きあうガムラン音楽とともに演劇が聞こえてくる。ジャワの伝統芝居であるワヤン・オランが語るのは、神話叙事詩だ。

幼い頃のスキマンにとっては、ムラピ山についての科学的なデータより、山の伝説のほうがずっと馴染み深かった。

――むかしむかし、ジャワ島は西側に傾いた島だった。そこで天空の神々はジャムルディポ山を島の中央に置いてバランスをとろうとした。ところが、ジャワ島の真ん中には、魔法の短剣クリスをつくる職人兄弟、エンプラマとエンプパマディが住んでいた。この場所以外ではクリスをつくることはできない。そう言って、兄弟は神々からの立ち退き命令をはねのけた。

神々は説得を諦めた。ジャムルディポ山は風神ヴァーユによって運ばれ、二人の上にどすんと落とされた。

二人の巨匠の死を悼んで、ジャムルディポ山には新たにムラピ〈Merapi〉という名が与えられた。〈meru〉は「山」を、〈api〉は「火」を表す。この炎はクリスをつくるための炉だ。これ以降、ムラピ山は、エンプラマとエンプパマディを主人とする神の宮殿となった。山頂付近の奇岩は彼らの住まいであり、食卓である。

宮殿の守り手は、ニャイ・ガドゥン・メラティという精霊。美しいジャスミンの葉を着た彼女の役割は山の自然を保つことであり、噴火が近づくと、村人の夢にあらわれて教えてくれる――

「だからムラピの森で鳥を殺しちゃだめなんだ。木も切ってはいけない。オシッコなんて、もってのほかだぞ」

叙事詩に夢中になる子どもたちに、大人はクギをさすことも忘れなかった。

ジャワ暦の正月にあたるスロ月1日になると、シドレジョ村の大人はムラピ山に登り、米や果物、野菜、花、家畜などを捧げる。儀式は神への感謝の表明である。装束をまとい、清めたクリスを腰に差した大人からスキマンは、山中のこと、儀式のこと、そこで出会った精霊たちのことを聞いて育った。だからこそ、21歳の初登山は驚きと感慨に満ちていたのだ。

火山のふもとで生きる知恵

シドレジョ村の標高は1300メートル。火口からわずか4キロの距離で人々は暮らしている。人口は約4000人。1200の家族。ムラピ山の南東に位置する細長いかたちの村からは、斜度10％ほどの道が登山口まで続いている。

村役場と学校と石職人を除けば、ほとんどが農家だ。米やキャッサバ、落花生、トウモロコシ、トマト、コーヒー、タバコなどを育て、ハチミツを採取し、ヤギや牛と暮らす。スキマンの父ソモ・ウィヨノも、ありふれた普通の農家だった。

しかし、スキマンがいちばん覚えているのは、噴火時に大声で隣人に呼びかけている父の姿だ。

「そっちに行っちゃいけない！　この道沿いに逃げるんだ！」

「走れなければタコノキのゴザを被って灰を防げ！　プラスチックのは使うな！」

火口が逆向きのため、シドレジョ村に火砕流や溶岩流が来たことはない。それでも、焼けつく火山灰が大量に降る。熱せられた化学繊維は溶けて肌に張りついてしまうが、タコノキであれば大丈夫。父は、噴火したときに適切な対処ができる知恵を受け継いでいた。

山の異常は、動物たちがまっさきに教えてくれる。ムクドリの群れが山からいっせいに逃げ出せば、それは噴火の予兆だ。

鳥類は体重比で人間の4倍の呼吸器を持ち、いちどにたくさんの空気を吸い込む。だから空気中の毒素には敏感だ。山から硫化水素が噴出すれば、即座に飛び立って森を離れる。「ニャイ・ガドゥン・メラティの森で鳥を殺してはならない」とは、そういう意味を持つ。

空が見えない夜に噴火したらどうする？　あらかじめ「警報」を設置しておけばいい。山頂付近に竹をぐるっと植えておくのだ。熱い噴石や灰がそれに当たれば、パァーン！と竹のはぜる音で噴火に気づくことができる。父や祖父、ご先祖様、シドレジョ村に住まう人々は、代々こうした方法によって身を守ってきた。

１９９１年の初登頂から、スキマンは毎年ムラピに登りつづけている。それもすべて山を知るためだ。火口はどっちを向いているのか。溶岩ドームはどこにあるのか。ガスの噴出孔はどこか。ガスや溶岩はどこを通るのか。神話の世界まで行けば、火山の状態について多くを知ることができる。

そのころにはシドレジョ村にも電気が通うようになった。中央政府によってムラピ山をモニタリングする装置があちこちに設置され、伝統的な手段に代わる新たな緊急連絡の手段が用意された。

近代的な設備が導入されたその結果、情報が伝わる速度は、以前と比べてずっと遅くなってしまった。

誰が危険を伝えるのか？

ムラピをモニタリングする観測所は、山の周囲5カ所に設置された。地底を移動するマグマが活発になると、火山性地震がよく起こるようになる。その震度や、大気中のエアロゾル濃度を測定することによって、噴火の予兆に気づくことができる。

問題は、気づくことができるようになったのは誰か、だ。

火山活動のデータは、観測所からジョグジャカルタの地質災害研究技術開発センターに送られる。次に、首都ジャカルタに転送され、担当省庁によって対応が協議される。その後、県の担当者、地区の担当者を経て、ようやくムラピに住む集落の長に警告が通達される。

ムラピ山の危険は溶岩や灰だけではない。ウェドゥスゲンベル*と呼ばれる灼熱の雲が発生することもある。羊のかたちをした摂氏１０００度の雲は、斜面を滑るように下っていく。１９９4年にトゥルゴ村を襲ったウェドゥスゲンベルは66人の死者を出した。中央政府の警告が来たのは、被害が出た30分後だった。観測所がすぐそばにあったにも

＊ wedhus gembel

かかわらず。

当時、村役場に勤めていたスキマンですら、ジャカルタ発のニュース番組を見て初めて山の情報を知ることがあった。

さらに政府は、村人が緊急時に鳴らすケントンガン（木製の打楽器）を撤去し、代わりにサイレンを設置した。辺境の山奥に住む、何も知らない哀れな人々を近代化によって導かなければならない、と。

再び起こった噴火のとき、サイレンは故障して鳴らず、ソレマン村で人が亡くなった。

スキマンにとって、怒りに震える日々が続いた。何世代にもわたたって伝えられてきた文化や意識を誰もが蔑ろにする。生きるために必要な情報へのアクセスすら遠ざけられ、苦しむ人々を増やしている。「私たち」の暮らしを誰も良くしようとしない。

であれば、「私」がするしかないじゃないか。

村役場を辞めたスキマンは、学校の卒業証書など就職活動に必要な書類を棚から取り出すと、庭先ですべて焼き尽くした。紙束をあっという間に灰に変えて噴き上がる炎を見ながら、これからはシドレジョ村のための活動だけに集中すると決めたのだ。

「生活はどうなるかしら」
「それはもう、神様におまかせしよう」

ラジオ、開局

ムラピの知恵を受け継ぎ、育てていくために最も適した情報技術、最もふさわしいＩＴは、いったいなんだろうか？

「ハロー、ハロー」とトランシーバーを使ったやりとりは村内でもよく見かけたが、この小型無線機は、軍人か役人でなければ使うことを許されていない。家々をケーブルでつないだインターコムと呼ばれる内線電話もあったが、いちどに大勢の人へ知らせるには不向きだ。当時の村にはスマホはもちろん、携帯電話を持っている人などいない。

２０００年代になって、インドネシアでは多くの市民組織、ＮＧＯが活発な動きを見せていた。スキマンは市民活動家に会うたびに相談を持ちかけた。

「山のことをみんなに伝えていきたいんだけど、方法が思いつかないんだ」

「それなら、ラジオをやってみたらいいんじゃないか」

そう教えてくれたのは、サトゥナマというジョグジャカルタのＮＧＯだった。スキマンが幼い頃に聞いていたワヤン・オランは街から広範囲に届く電波だったが、もっと小さな送信機を使うことで、村単位でも番組を放送できるというのだ。

トランシーバーのような事務連絡でもなく、インターコムのような1対1のおしゃべりでもなく、ラジオから歌と音楽に添えて語りかければ、１２００世帯の家族たちも、耳をかたむけてくれるかもしれない。あの頃の自分と同じように……。ムラピ山が抱える問題の情報伝達に、ラジオを使ってみよう。

ラジオ局の立ち上げにあたって、スキマンはパサグ・ムラピの若者たちに声をかけていった。被災した村民をつなぎ、支援するためのボランティアグループだ。

「でもラジオ放送だなんて、国や大きな企業がやるものでしょう。そんなことができるんですか？」

「小型のＦＭ送信機なら、私たちでも手が届くらしい」

「へえ、じゃあやってみようかな。好きな音楽かけていいんですよね」

「私、ラジオで歌ってみたい！」

こうして、パサグ・ムラピのメンバー数人が放送スタッフとして加わった。

放送に必要な機材は、アンテナに送信機、マイク、ミキサー、音源、ケーブル、そして電源。マイクやミキサーは村の機材を借り受け、音源はYouTubeでもMP3でもCDでもなく、古いカセットテープ。300万ルピア（約3万円）を市民ローンで調達し、20ワットのFM送信機を手に入れた。

放送スタジオはスキマンの自宅。ヤギ小屋の屋根にアンテナをくくりつけた竹を立てかけ、そこから電波を飛ばす。

開局は2002年。局名はリンタス・ムラピ。名前の意味合いは「すべてのムラピの人々へ」。

エンタメから対話の場所へ

「こんにちは。こんにちは。107・9メガヘルツ、リンタス・ムラピFMからお送りします。今日のムラピはすこし曇っていますね……」

シドレジョ村のみんなに向けて語りかけ、カセットプレイヤーのスイッチを押して音楽を流す。音楽と天気とムラピ山に関するトークショー。開局当初の放送内容はとてもシンプルだ。パサグ・ムラピのメンバーが持っているテープだけでは、すぐに音楽に飽きがきてしまう。スキマンは、村中からカセットテープを借りて回った。

テープがこんがらがって放送が止まってしまったこともしばしばあったが、リンタス・ムラピは、シドレジョの人々にとっておおむね好意的に受け入れられた。もっともそれは、生きるための知恵、災害の知識を学べるからではなく、他の放送局より自分たち好みの音楽が流れてくるから、といった理由だった。ツマミを回して音量を上げて、畑を耕しながら、家畜の世話をしながら、庭先で収穫したタバコの葉を乾かしながら、村人たちは放送を聞いていた。

シドレジョでは他の村と同じくらい、あるいはそれ以上に芸能が盛んだ。演劇から演奏まで、さまざまな同好会のグループがある。スキマンは積極的に同好会をラジオ局に招いて、ガムランの生演奏をしてもらうことにした。みんな生粋のお祭り好きだ。隣人がラジオに出演すれば、「あ、自分もやりたい」と思ってもらえる。ただ聴くだけでなく、アーティストとして歌や演奏を披露できる場所として、リンタス・ムラピは少しずつ知られていった。

ラジオには音楽以上の役割がある。村人がそう気づいたのは開局から2年後、2004年のことだった。

周辺の村落によって管理されていたムラピの森が、突然、中央政府によってデレス・インダという名の国立公園に指定され、立ち入りを禁ずると発表されたのだ。違反者には罰則が科せられる。

シドレジョだけでなくムラピ周辺のすべての村がこれに反対し、首都ジャカルタでデモ活動もおこなわれた。スキマンもデモに参加したが、それはそれとして、政府による宣伝・周知活動もリンタス・ムラピで放送した。彼らにも言い分がある。

「なぜ国立公園にするのか、それは自然を将来にわたって保護するためだ。インドネシアの森林は違法侵入によって減少が著しい。これからは厳しく管理していかねばならない」

一方、村側の意見もラジオを通じて放送した。

「なぜ勝手に今までの暮らしを奪われなければならないのか。罰すべきは違法伐採者ではないか。むしろ我々こそがムラピの森の守り手である」

スキマンは他にも、さまざまなセクターの声を拾った。林業団体や研究機関、ガジャマダ大学の森林学部、森に関するNGO……やがて村人も、村役場も、そして政府も、リンタス・ムラピがヤギ小屋の音楽放送局ではなく、重要な「ムシャワラ」の場であると認識していった。

インドネシアの農村社会にはムシャワラの文化がある。すべての問題は寄り合いでの会議・相談・談合によって、「全員一致」を目指すべきという考えがあり、その話し合いをムシャワラと呼ぶ。そのために延々と、延々と話を続ける。

一つ、自分の意見を言うだけでなく、相手の意見を認めること。
一つ、どちらが勝ったのか負けたのか、白黒をはっきりさせないこと。
一つ、特に結論を出さないまま、なんとなくみんなの意見を丸めてまとめること。

これらがムシャワラを成立させるための大いなる秘訣だ。

スキマンは、国立公園の問題に関するムシャワラの議長としてふるまった。政府とムラピ山の人々との対話が繰り返され、たどり着いた結論は「国立公園は制定するが、ムラピの住人であればふだん通り森に立ち入ってよい」という折衷案だった。

この事件をきっかけに、リンタス・ムラピの役割は大きく知れ渡ることになる。ラジオを通じて自分の意見を発表することが、村の暮らしを変えることにつながっていくとわかったのだ。村役場に勤めるスキマンのかつての同僚たちも、ラジオ局のクルーとして参加するようになった。

火山がもたらす恵み

それにしてもムラピの人々は、なぜ危険な火山のそばに住みつづけるのだろう？

「だって、ムラピは恵みを与えてくださるじゃないか」

地元の誰しもがそう答え、山に対する感謝の念を欠かさない。しかし、火山灰が降り積もれば作物は育たなくなってしまうし、有毒ガスが流れてくればたちまち枯れてしまう。火山の恵みとはいったいなんなのか。

一般的に、熱帯地方の土はやせている。落ち葉や動物の死骸が微生物によってあっという間に分解されて、土に栄養が残らないからだ。だから熱帯雨林の木々は根を土中深くに伸ばすのではなく、土や岩の表面に這わせ、多量の酸で溶かすことによって無理矢理に栄養を吸収している。ふつうの作物は、ここでは満足に育たない。

しかし、火山活動が適度に活発であれば、降灰によってリンやマグネシウム、カリウム、さらにはセレンなどの微量元素が供給される。加えて微生物の活動が妨げられるので、土に窒素がとどまってくれる。京都府立大学の調査でも、ジャワ島はほかの熱帯地域に比べて土壌中の窒素含有量が多いことがわかっている。火山性堆積物と温暖な気候、そして降雨という条件がすべて整った地域は、肥沃な土壌を持つことができるのだ。

さらにムラピ山の場合、その標高も農業の助けとなっている。赤道直下の国とは思えないほどシドレジョ村は涼しい。半袖では寒いくらいだ。高温多湿では病気になってしまう野菜も、ここならば元気に育つ。熱帯雨林で知られるボルネオ島は、ニンジンやキュウリ、トマトといった野菜を育てることが難しく、わざわざジャワ島の高原地帯から運んでもらっている。

果物も同様だ。ムラピでは美味しいジャックフルーツやアボカド、ドリアン、サラック（スネークスキンフルーツ）がよく採れる。果物を甘く、美味しくする要因のひとつは、水ストレスだ。土地の水分量が少ないほど、樹は子孫を残そうとして果実に栄養を貯める。石ころや砂の堆積した、水はけのよい土地で果樹栽培が盛んなのはそのためである。果樹にとっては逆境で育てられてたまったものじゃないだろうが、火山石や土砂が堆積しているムラピは、美味しい果物を育てるにも優れた場所なのだ［写真3］。

火山からの贈り物はまだある。人々は、食料だけでなく豊富な「建築資材」も受け取ってきた。

ムラピ山の周辺には、世界最大級の仏教寺院群ボロブドゥールと、ヒンドゥー寺院のプランバナンという二つの有名な世界遺産がある。

ボロブドゥール遺跡は、8世紀から9世紀にかけてシャイレンドラ王朝が建てた仏教寺院だ。丘の上に200万個もの切石を積み上げた巨大なピラミッドとなっており、回廊には仏典に基づくレリーフが石に刻まれている。

プランバナン遺跡は、シヴァ、ヴィシュヌ、ブラフマーというヒンドゥー教の三大神

［写真3］
豊かな自然をもたらすムラピ山
（2017年11月10日撮影）

に捧げられた神殿群である。古マタラム王国のバリトゥン王によって、9世紀から10世紀にかけて建立された。

どちらも山から約20キロの近さにあり、マグマが冷やされた岩石、あるいは火山灰が長い年月に凝結してできた岩石によって建設されている。朝早くボロブドゥール遺跡に行けば、ムラピ山から日が昇る神々しい姿を見ることができる。多くの恵みを授けてくれるムラピを崇めるかのように。

寺院や神殿に限らず、ジャワの人々は、石垣や橋や柱などに石や岩を昔から使ってきた。今でも建築資材はムラピの特産だ。噴火によって生じた大量の土砂もその一種である。２０１０年の大噴火以降、狭い山道をひっきりなしにダンプカーが行き交っているが、これは河川に堆積した土砂を採掘し、コンクリートの材料にするためだ。河川敷でシャベルを使って荷台に積み込む作業は、地元の人々にとってわずかながら現金収入を得られる機会にもなっている。

１０００年以上前の寺院も家も、いま急速に乱立しているジョグジャカルタの街の店舗もオフィスビルもホテルも、ムラピ由来の資材が礎となっているのだ。

このように、野菜や果樹や建築資材がムラピ山からの「贈り物」であると人々は理解している。彼らにとってそれは、火山という大地を通じて神から与えられているのだ。

　噴火は短期的に見れば手痛い被害をもたらすが、長期的に見れば、それは自然界の元素をかき混ぜなおして、土地を有用にしてくれる。災害とは自然の攪拌（かくはん）行為だ。ナイル川も利根川もしょっちゅう氾濫するからこそ、流域に栄養分が染み渡って、大都市を支える肥沃な穀倉地帯をつくった。地震によって高木が倒れるからこそ、日の差したそこに新たな草木が芽吹く。災害という厄介な環境との付き合い方を知らずに、自然との調和を謳うことはできない。

『火山学』を著したハンス＝ウルリッヒ・シュミンケは、インドネシアや日本、フィリピン、中南米などを例に挙げ「火山の恩恵に惹かれて人々はそこに定住したのだ」と言っている。

リンタス・ムラピ放送中

「リンタス・ムラピをお聞きの皆さま、こんにちは。どうぞそのまま、お仕事をしながら放送をお楽しみください。ただいまの天気は曇りで、雨は降っていません。でも、ウォロ川とゲンドル川沿いの方は増水に注意してください。あなたがムラピの外から来た人なら、なおさらです。それでは、ジャワの歌を一曲……」

リンタス・ムラピでは、歌や演劇、トークショーを通じて山と生きる知恵を再生している。一日の放送が始まるのはお昼ごろから。農作業にひと息入れるタイミングでこれからの天気情報を伝え、その後は、ポピュラー音楽や地元の歌、西洋楽器とジャワ音楽が混ざり合ったカンプリサリなどを流す。ちなみに、開始するのはあくまでも「お昼ごろ」であって、毎日12時きっかりにスタートするわけではない。放送は公用語のインドネシア語ではなく、地元の言葉であるジャワ語を使う。

仕事を終えた19時頃からはニュースやトークショーが流れ、家族が集まる21時くらいには討論番組が始まる。テーマは仕事、教育、DIY、労働組合、健康、選挙、お金と幅広い。農業がテーマならば、野菜の苗の植え付け方法を解説したり、安く買い叩かれないように市場での価格を伝える［写真4］。

リンタス・ムラピの成長とともに、パサグ・ムラピのメンバーは600人にまで増えた。大学や救助機関、気象局、赤十字、NGOなど、さまざまな組織とも連携するようになった。専門家が村を訪れ、ゲストとして番組に参加することで、特定グループだけでなく村全域に情報が伝わっていく。

［写真4］　上：リンタス・ムラピの外観
下：リンタス・ムラピの放送スタジオ
（2016年2月9日撮影）

LINTAS
MERAPI
Kampungku
Free.
HoTSPoT
AYO IKUT KB
2 Anak Cukup

いちばん人気のある番組は、ジャワの伝統的な影絵芝居ワヤン・クリだ。リンタス・ムラピの敷地内にはステージが設置されており、村の奏者による歌と演奏、そして人形芝居が生中継される。もちろん、ここへ直接見に来てもいい。

指揮者のいないガムランの楽団が、互いを聴き合いながら楽器を奏でていく［写真5］。人形遣いは時にアクロバティックに、時に穏やかに。光源に近づけたり遠ざけたりすることによって影はめくるめく変化を見せる。

ワヤン・クリのベースとなっているのは、ヒンドゥー神話の叙事詩、インドの古代王族たちの波瀾万丈・栄枯盛衰の物語『マハーバーラタ』や『ラーマーヤナ』だ。しかし細かい内容は、シドレジョ村向けにアレンジされている。「ムラピ山のこと」「収穫できた野菜のこと」「断食月のこと」などが歌われ、合間の説話でも、「噴火のこと」「洪水のこと」「森のこと」「農業のこと」「ラジオ局の役割のこと」など、村の生活や文化に関したことが語られる。

リスナーからのお便りは、普及しはじめた携帯電話のショートメッセージで届くようになった。途中途中でスタッフが読み上げ、楽団のメンバーにマイクをふり、リスナーとの交流がおこなわれる。ワヤン・クリはだいたい3時間ほど続くが、長いときは8時

［写真5］

リンタス・ムラピでいちばん人気のガムラン演奏

（写真提供：日比野純一）

間ぶっ通しで演じられることもある。途中で帰って寝て、後日ラジオで再放送を聴いてもいい。

シドレジョ村には芸能の同好会がいくつもあり、スキマンも人形繰りの達人だ。週に一回、交代で村人の歌や演奏が披露される。番組の参加はボランティアだが、放送がきっかけでプロデビューした歌手もいる。

基本的には楽しい音楽とおしゃべりが聞けるエンターテインメントラジオ局がリンタス・ムラピだが、火山活動が激しくなったり、風雨が荒れたりした場合には、24時間の緊急放送体制に切り替わる。気象情報を警告し、避難経路や避難所に関する情報を知らせつづけるためだ。現地では、遠くの街から届くテレビ放送よりもよほど信用されている。リスナーは村人だけではない。急な鉄砲水を避けるために、河川敷で採掘をしているトラックドライバーたちも周波数を107・9メガヘルツに合わせている。

ラジオ局の役割が認められるにつれて、リンタス・ムラピには地元組織からの寄付や広告が集まるようになっていった。当初は機材が壊れたら自腹を切って修理していたが、2008年には新たなスタジオを建てることができるようになった。生活を心配していたスキマンの家族も胸をなで下ろした。

設備もミキサーやエフェクター、パソコンが導入されていき、送信機の出力は20ワットから300ワットへと拡大した。高さ30メートルの鉄筋製アンテナ塔が建てられ、ヤギ小屋の竹竿は役目を終えた。火山監視局（BPPTK）との連携も果たし、アンテナ塔には山をモニタリングするCCDも取り付けられている。情報から遠ざけられることはもうなくなった。

電気代やインターネット代、携帯電話代など、リンタス・ムラピの運営には毎月60万ルピア（約6000円）がかかる。寄付と広告以外の収益源として、歌は一曲100ルピア（約1円）でリクエストが可能。ロゴ入りTシャツは4万ルピア（約400円）で、ムラピ山の観光ガイドは3万ルピア（約3000円）から。すべての収支は、スタジオの壁に掲載されている。

忘れっぽい人より、用心深い人のほうが幸せ

単なるラジオ放送施設ではなく、村全体に声が届く「話し合いの場」としてのリンタス・ムラピは、少しずつシドレジョの暮らしに変化をもたらしていった。いちばん大き

く変わったのは、もちろん噴火への備えだ。

村人は重要な書類をそのまま棚にしまうのではなく、非常用持ち出し袋に保管するようになった。被災者支援の制度が用意されたとしても、すぐに利用できなければ苦しい生活が続いてしまう。避難するときに土地証明書や卒業証書などを持ち出せば、住宅の修理や再雇用といった生活再建にかかる手続きを短くすることができる。重要書類の確保は、復興段階まで見通した準備のひとつである。携帯電話の普及後は、写真でも書類を残すようにしている。

共済金の口座も村内の集落ごとに開設した。毎月一回の夜の会合で、一家族につき1000ルピア（約10円）〜5000ルピア（約50円）を集め、翌朝、担当者が銀行で入金する。避難のときにかかる交通費や家畜の運搬費、避難所での生活費などに充てるためだ。

農村にとって、家畜はとても重要な資産である。ヤギや牛を育てていればミルクが手に入り、乳製品をつくることができる。家畜に子どもが生まれれば市場で売れる。鋤を引かせて田畑を耕すことができ、雑草は食べてくれる。糞尿は発酵させて肥料となる。加工機械が壊れてしまった町工場が立ちゆかなくなるように、家畜を失ってしまった農家は暮らしを取り戻すことがそれだけ困難になるのだ。政府が用意した避難用のバスでは家畜を運ぶことができないが、共済金を貯めておけば、集落ごとに運搬用のトラックを借りることが可能となる。

ふもとの村と「シスターヴィレッジ」の関係も結んだ。これは姉妹都市のようなものだ。災害が起こった際には、避難者を受け入れてくれる。

マイクの向こうの村民に対し自らの被災体験を物語ることによって、そこに眠る教訓とアイデアがひとつずつ実現していった。

リンタス・ムラピには、放送中に必ず言う決まり文句がある。


〈忘れっぽい人より、用心深い人のほうが幸せ〉*


農業を支援するため、リンタス・ムラピは外部から農業普及員も雇った。どうすれば農産物の収穫量を増やすことができるのか。買い付け業者に騙されず、市場にアクセスするにはどうしたらいいか。各家庭が経済力を持つようになれば、それだけ被害を抑えることができる。たとえば、オートバイを買える家庭ならば、子どもやお年寄りを後ろに乗せてすぐに逃げおおせる。

こうしたリンタス・ムラピの活動が知られていくにつれて、インドネシア国内だけで

* Sak beja-bejane wong kang lali isih bejo wong eling lan alert

なく、海外からも視察者がシドレジョ村を訪れるようになった。

「なぜ、火山のすぐそばに住みつづけるのですか?」

何度も聞かれる質問に、スキマンはいつもこう答えている。

「危険だからと引っ越して、ヨソ者として迷惑をかけるより、私たちはここで、全員で気持ちよく住んでいたいんです。安全だけが欲しいわけじゃありません。恵みを与えてくれるムラピ山といっしょに、幸せに生きたいと望んでいるんです」

「火口のそばにいて怖くないんですか?」

「だからリンタス・ムラピでは、面白い番組の中で知恵も伝えているんです。いざとなったら自分で考えて行動できるように、コミュニティの中で助け合えるように」

シドレジョ村の暮らしを良くする。そのために立ち上がったスキマンの活動範囲は、シドレジョ村だけにとどまらなくなっていく。狭い範囲にしか放送できないラジオの力を理解する者は、海外にもいたのだ。

リンタス・ムラピ開局の6年前に、日本でも災害をきっかけとして小さなラジオ局が生まれていた。

復興から、多文化共生へ

阪神・淡路大震災

1995年1月14日、日比野純一は東京の新聞社を退職した。これからはフリーランスの記者として生きていく。登山趣味の32歳はそう考え、ボスニア・ヘルツェゴビナ紛争の渦中にあったユーゴスラビアへの航空券を買った。

阪神・淡路大震災が発生したのは、その3日後だった。

地球の海と陸はプレートと呼ばれる岩盤の上に乗っている。太平洋をぐるりと覆う環太平洋火山帯（Ring of Fire）は、このプレートがぶつかりあう場所だ。日本列島の場合、東から太平洋プレート、南からフィリピン海プレートがぶつかり、陸のプレートを巻き込みながら沈んでいる。

どんどん沈み込んでいく陸のプレートにはひずみが蓄積しつづける。そしてひずみが許容範囲を超えると、砕けて割れる。このとき生じるのが地震だ。プレートの中でも、過去に割れたことのある特に弱い箇所を断層と呼ぶ。

1月17日の早朝、5時46分52秒。ひずみに耐えきれなくなった六甲・淡路島断層帯がなんの前触れもなく割れた。この衝撃が引き起こした揺れはわずか十数秒間だったにもかかわらず、兵庫、大阪、京都に壊滅的な被害をもたらした。

最大で震度7に達した激震によって、建物が崩れ、高速道路が倒れ、電車が脱線し、港のコンテナが海に落下した。木造家屋は柱が折れて、一階部分が押し潰された。ズタズタになった街のあちこちから火の手が上がり、黒煙と粉塵が立ちこめていく。まるで戦争。まるで空襲だった。

その夜、インフルエンザに罹っていた日比野は、横になりながらテレビが報道する被災状況をただ見つめるしかなかった。

テレビ越しに日比野の心を最も動かしたのは、神戸市の長田区でおこなわれた、ある被災親子へのインタビューだ。

「どのような被害に遭われましたか？」

「いまどんなお気持ちですか？」

「何に困っていますか？」

レポーターがいくらマイクを差し出しても、うつむくばかりで答える様子がない。その親子はベトナム人であり、日本語がわからなかったのだ。

日比野は自問自答した。なぜ自分はユーゴスラビアに憧れたのか。文化の多様性にあふれた国家だと中学の社会科で教わったからだ。なぜ自分はユーゴスラビアに行きたかったのか。多民族国家の理想郷のはずが、まさに民族の違いでいがみあう事実に光を当てたかったからだ。なぜ自分はフリーランスになったのか。新聞社に勤めていたらそれができなかったからだ。

「こんな近くに、苦しんでる異文化の人がいるじゃないか」

当時の日本で、被災地で活動するボランティアは一般化していない。非常事態に駆けつけるのは消防や救急、自衛隊といった専門組織の仕事、あるいは隣近所や親兄弟の役割だった。しかし、今回はあまりにも規模が大きすぎる。瓦礫の撤去、室内の清掃、避難所でのケア、炊き出し、救援物資の仕分け、風呂の仮設……やるべきことは山ほどある。たとえ被災地に直接の縁はなくとも、全国から大勢の支援者がやってきていた。

生まれてこのかたボランティア活動など一度もしたことはないが、この状況で被災地に行かなければ、一生後悔する。震災から2週間後、体調を整えた日比野は神戸市長田区に向かった。ロクに現地の地理もわからないまま。

28カ国語が交わされる下町で

明治時代の開港によってモダンな履き物が人気となると、神戸ではケミカルシューズ製造が発展していった。靴工場が最も集まっているのが、神戸市の中で最も小さく、最も人口密度の高い下町、長田だ。入り組んだ路地に商店や工場、住宅が混在している。ケミカルシューズの原材料は生ゴムと石油。当然、おそろしいほどよく燃える。

縫製、裁断、型づくり、紙箱製造、印刷、運送など、ケミカルシューズ関連企業1680社のうち、8割もの工場が震災によって全半壊または焼失という大きな被害を受けていた。

2月3日、どうにか長田へたどり着いた日比野の目に飛び込んできたのは、倒壊し、焼け落ち、煤で覆われた街の残骸だった。電気も水もガスも止まったままで、支援物資はどこかに溜まって行き渡らず、避難所の運営は混乱をきたしていた。この日の最高気温は9度。最低気温はマイナス0・6度。廃材をかき集めた焚き火で、寒さをしのぐしかなかった。

ケミカルシューズ産業の働き手として、あるいは経営者として、長田には在日コリアンやベトナム人、フィリピン人など、28カ国におよぶ人々が暮らしている。住民のほぼ1割が外国籍だ。南駒栄(みなみこまえ)公園には、日本人とベトナム人が避難しており、ブルーシートやテントで不安な夜を過ごしていた。

「よし、ここでアウトドア生活の手助けをしよう」

登山が得意な自分ならばきっと役に立つ。日比野は自らも公園にテントを張り、ボランティアとして活動を始めた。そして直面したのは、言葉の壁が生むトラブルだった。

無法地帯の避難所

支援物資をどう配るのか。どこにゴミを捨てるのか。トイレは誰が掃除するのか。ルールをつくり、守らなければ、避難所は無法地帯と化す。

南駒栄公園は公的な避難場所ではなかったため、管理する学校教員や行政職員はいない。ほかの避難所がいっぱいだったり、自宅から遠く離れられないなどの理由で、およそ200人の日本人とベトナム人とが仕方なく暮らすテント村だった。テントと言っても、ブルーシートや廃材で組み立てた急ごしらえの小屋がほとんどだ。真っ黒に汚れた有志のボランティアが不眠不休で働いていたものの、力尽きはじめていた。

「次の満月にまた大地震が起こるぞ」

「外国人が若い学生を暴行してるらしい」

デマが飛び交う被災地。日本語とベトナム語、互いに言葉の通じないもの同士。いさかいは絶えない。殴り合いも頻発した。サラエボに行かなくとも、新幹線で3時間の場所で民族が対立していた。

「おまえらばっかりテレビは取材くるし、食べモンいっぱいもらえるし、なんなんや！ルール守ってへんのに！」

「……」

「待って待って、落ち着いて。ねっ、話を聞かせてください」

日比野はもめごとが起こるたびに身体で割って入って、双方の言い分を聞いた。けれども、ベトナム側がなにを訴えているかはわからない。避難所にベトナム語を話せる日本人はいない。ひらがなでメッセージを書き、わずかに日本語を理解できる相手に見せ、まわりに伝えてもらうことで精一杯だった。


それでもやがて、大阪外語大学やベトナム人留学生のボランティアに通訳の協力を得られるようになると、少しずつトラブルは減っていった。役所に働きかけて、公的な救援物資配達のルートにも加えてもらえた。国ごとに代表者を選び、救援物資の保管と配分を決める自治会を立ち上げることができたのは、震災からすでに1カ月が経過した、2月16日のことだ。

しかし、「義捐金とは何か？」「罹災証明とは？」「仮設住宅に住むのに必要な手続きは？」など、複雑だけれども必要な情報を避難所の全員に届けるには、とても手が足りない。いったい、どうすればいいのか。

焼け残った教会、救援基地に

一方、南駒栄公園から徒歩20分にあるカトリック鷹取（たかとり）教会もまた、震災の大火に襲われていた。教会に赴任して4年目の神田裕（かんだひろし）神父は、聖堂が炎上していくさまをただ見つめることしかできなかった。火の勢いに、消火器はなんの役にも立たなかった。教会の焼け跡で呆然としていたところ、ベトナム人信者たちが避難してきた。ある人は裸足で、ある人は寝間着のままで。休むだけかと思えば、中庭に畳を敷き、崩れた家から持ち出してきたのだろうか、肉を焼いて食べはじめる。


「ほら、神父さんも食べてください」

「いやいや、今はなんにも喉を通りません」

焼肉のおすそわけを断ったところ、一家の母ちゃんに猛烈な勢いで叱られた。

「せっかく生き残ったのに、これから生きるのに、食べなくてどうする！」

カトリック鷹取教会にベトナム人信者がやってきたのは、１９８０年のことだ。ベトナム戦争の終結後、カトリック信仰が迫害されるようになった南ベトナムを脱出しようとして、何度も失敗し、投獄され、外洋で漂流し、死を覚悟したところをかろうじて救出されたボートピープルである。長田に住むのはその当事者と子孫だ。

「今はこのたくましさを見習わんと」

翌日、神田神父は教会の敷地で焚き火を始めた。聖堂の燃え残りなど、廃材はいくらでもある。車も電車も走らず、真っ暗に横たわる街のなかで、ここだけ灯りがともるようになった。生きていくための狼煙（のろし）が上がる。

すると、リュックを背負ったボランティアたちが教会へ集まってきた。

神田神父は聖堂の再建をあと回しにし、教会の敷地をボランティアの活動拠点にすることを宣言する。被災家屋の木材を使って、掘っ立て小屋が組み立てられていった。北海道から沖縄まで日本各地からボランティアは集まり、カトリック鷹取教会は最大で

１８０人が寝泊まりする場所となる。炊き出し、避難所支援、仮設支援、臨時診療所、翻訳支援、生活支援と、総合的な支援をおこなう救援基地が生まれた。

日比野たちベトナム人支援者もこの教会に集まり、「被災ベトナム人救援連絡会」を結成した。各地の情報を共有すると、やはりどの避難所でも言葉の壁が大きな問題となっている。

そんなあるとき、鷹取教会救援基地を訪れた在日コリアンがこんなことを言い出した。

「ベトナム語でラジオ放送をしませんか？」

デマへ対抗するために

実は、発災からわずか２週間後に、在日コリアン向けの災害ラジオ放送が始まっていた。スタジオは神戸韓国学園の一室。放送局名は「ＦＭヨボセヨ」。

大阪市生野（いくの）区で活動していたミニＦＭ局「ＦＭサラン」のメンバーが、長田区内の在日本大韓民国民団 兵庫県本部西神戸支部を訪れ、あり合わせの機材を使って開局したのだった。

ボランティアスタッフが1日3回、朝・昼・晩にそれぞれ一時間ずつ、日本語と韓国語で安否情報と救援物資情報を伝え、朝鮮半島の民謡を流す。在日コリアンたちは本名を明かすことをためらい、避難所では日本人名を名乗って過ごしている。FMヨボセヨは「日本語」に埋もれてしまった同胞の心を支えた。

阪神・淡路大震災の72年前、関東大震災が起こったときは「混乱に乗じた朝鮮人が凶悪犯罪、暴動などを画策している」と行政機関や新聞が報じたことで、武装した自警団により多数の朝鮮人が虐殺されたという。長田には、関東大震災で職を失い、引っ越してきた在日コリアン一家もいた。正確な情報発信の意義を誰よりも理解していた人々だ。

災害時には、不安と情報不足から必ずデマが流れる。神戸の街では地震による火災がおさまったあとも、不審火があいついで起こった。

「ガレキの町でなんで火事が起こるのか知ってるか？　それは、アイツらが火を点けてまわっているからだ」

実際は、倒壊した家屋で漏れたガスが発火したことが原因だ。ラジオ放送は、こうしたデマに対抗する力を持つ。

二世や三世の在日コリアンは、靴工場でともに働くベトナム人の状況を知っていた。そして、日本語を十分に理解できない被災ベトナム人たちの苦難にもいち早く気づくことができた。かつて自分たちの祖父母がそうであったから。

「鷹取教会救援基地に、被災ベトナム人に情報発信するラジオ局を立ち上げてはどうか」民団西神戸支部からの提案を受けて、被災ベトナム人救援連絡会は「FM設立準備会」を発足させた。ラジオの担当者として選ばれたのは、ベトナム出身の神父ファム・ディン・ソンと日比野純一だった。

日本の空に母語が流れる

1995年4月16日。キリスト教の復活祭の日。鷹取教会救援基地に「FMユーメン」は開局した。ユーメンはベトナム語で「友愛」をあらわす。スタジオは壁に吸音材を貼り付けたプレハブ小屋。機材はFMサランから借り受けた。スタジオの屋根には、ぎりぎり寝泊まりできるスペースを増築した。ソン神父と日比野は今日からここで暮らす。

ラジオ放送に関してはド素人だ。FMサランのスタジオでかんたんな機器操作の手ほどきを受けたに過ぎない。スイッチをオンにしたか何度も確かめて、緊張にうわずって震えた声で、マイクに向かって語りかける。

放送は朝7時から。義捐金の受取方法やニュースを、最初は日本語、次にベトナム語で。基本的にソン神父がパーソナリティを務め、日比野は機材操作を担当した。ずっと話しつづけることはできないから、カセットテープに録音してリピート放送する。午後は車を運転して、各地の避難所をまわった。「聞いてもようわからん」と言われれば説明をする。ラジオ受信機がないところには配る。音楽のテープは避難先から借りる。ただスタジオに座って放送していればいいわけではなかった。

「夜くらいは笑わしてくれ」

放送開始からしばらく経って、そんな要望を受けた。

まだ震災復旧の渦中だ。みんなで歯をくいしばって困難を乗り越えようとしているときに、こんなものを放送して怒鳴られないだろうか。不謹慎だと言われないだろうか。心配しながら、ベトナムの漫才をテープで流した。

翌日、避難所を訪問した日比野たちは、想像以上の反響と出会う。

「よかった。よかったよ。ありがとうね」

電気はいまだ復旧せず、自動車も電車も通らない街は静かで、暗い。ふとした瞬間に、あの日の悲鳴と惨状を思い出す。暮らしを取り戻す道筋は見えない。不安にさいなまれる夜に、母国の音楽や漫才を聴くことが、どれだけ心を和ませたのか。どれだけ励ましになったのか。

カーラジオからベトナム語の歌が流れる。

「この国の空に、自分たちの言葉が流れてもいいんだ」

ベトナム人が、招かれざる難民としてではなく、人間として認められたように思えて、ソン神父は涙をこぼした。

ラジオの音は、単に情報を伝えるだけではない。傷ついた心をそっと抱きしめて、癒やしをもたらすのだ。日比野はそう強く感じた。

ベトナム人のために開局準備をしたFMユーメンだったが、放送はベトナム語だけにとどまらなかった。中南米からやってきた日系人を支援するボランティアや、神戸のフィリピン人コミュニティなどからも、同胞に向けて発信したいという申し出があったからだ。

結局、FMユーメンはベトナム語、スペイン語、タガログ語、英語、そして日本語で放送する多言語ラジオ局として出発した。それぞれのコミュニティが、代わる代わるマイクの前に座る。ときには各国の被災者を招いて、いま抱えている悩みを打ち明けてもらう。放送時間は、朝7時から深夜1時にまで及んだ。

被災地に情報を伝える「災害ラジオ」の発祥には、日本に住む外国人たちの大きな働きかけがあったのだ。

多文化共生のためのラジオへ

時が経つにつれ、インフラは復旧し、仕事は再開し、街はすこしずつ立ち直っていく。

「ラジオの役割がなくなったら、自分も東京に帰ろう」

日比野はそう考えていたが、結局、東京に帰ることはなかった。

以前から国際都市と言われていた神戸だったが、外国人が住める家も働ける場所も限定的で、他国のコミュニティとの交流はなかった。行政も文化も分断されたままだった。

震災によって異文化のいざこざが生まれたのではなく、震災がもともとあった断絶を浮き彫りにしたのだ。その課題に対し、このラジオ放送ならば何かできるのではないだろうか？

日比野にとって忘れがたい思い出がある。南駒栄公園に自治会が立ち上がりはじめた頃、救援物資を盗んだとして、ベトナム人が怒声を浴びた。それに対し、ベトナム人のリーダーが立ち上がり、たどたどしい日本語で、自分たちの歴史を話しはじめたのだ。

「ベトナムはずっとフランスの植民地でした。北と南に分けられて戦争が始まりました。どの街もここのように焼けました。みんなみんな命懸けで国を逃げました。そしてやっとここに来て、ここで生きています」

それを聞いた夜から、お互いの態度は変わっていった。ベトナム人ではなく、「グエンさん」「トランさん」と呼ぶようになった。

断絶が不信を生むならば、互いを少しずつ知っていけばいいのではないか。FMユーメンからは、日本語のニュースもタガログ語の歌もベトナム語の漫才も聞こえてくる。異文化は未知の怖いものではなく、ご近所で暮らしている存在だと、この小さなラジオ局は伝えることができている。きっと、こうした活動が、お互いをゆるやかに理解していく多文化・多民族共生の足がかりとなる。

やがて、FMヨボセヨとFMユーメンの合併の話が持ち上がった[写真6]。FMヨボ

［写真6］
FMヨボセヨとFMユーメンのメンバーの初顔合わせ
（1995年4月撮影）

セヨのスタジオがある民団西神戸支部が改修工事に入り、放送できなくなったからだ。それならば合併して、新たな多言語放送局を立ち上げよう。話はとんとん拍子に進んだ。新たな局名は、FMヨボセヨの頭文字Yと、FMユーメンの頭文字Yを取り、大勢でにぎわうイメージから、「FMわぃわぃ」と名づけられた。今では地域密着型の多文化・多言語ラジオ局として名を馳せるFMわぃわぃは、こうして、震災から半年後の7月17日に開局したのだった。

前夜祭は鷹取教会救援基地の中庭でおこなわれ、多くの人がヨボセヨとユーメンの合体を、それぞれの民族料理と民族舞踊で祝った。

「海賊放送」の公式化

実は、FMヨボセヨもFMユーメンも、そして開局時のFMわぃわぃも無免許の「海賊放送」だった。本来、この規模でラジオ放送をおこなうには免許を取得しなければならない。

近畿電気通信監理局（近畿電監）の担当官が日比野たちのもとを訪れたのは、放送から一カ月が経ったころのことだった。

「本来、無免許の放送には運用停止の行政処分が下されます」

「はい」

「ですが、この非常事態で皆さんの放送がどれだけ社会に貢献しているか、私たちなりに理解しているつもりです」

「……続けてもよいということですか？」

「もちろんです。ただ、現状では電波出力が強すぎますので、まずはそれを弱めてください。それから、〈コミュニティ放送局〉の免許申請をして、認可を得てください。サポートは惜しみませんから」

対応は、意外にも、柔軟かつ好意的なものだった。

阪神・淡路大震災から遡ること3年。１９９２年に放送法施行規則が改正され、半径2〜3キロ程度に放送できるコミュニティ放送局が制度化されていた。この免許を取得すれば、ＦＭわぃわぃは合法的に放送を継続することができる。

しかし、ごく小規模なラジオ放送といえど、認可を得るための準備は並大抵ではない。

運営団体は法人格を取得し、スタジオを新設し、機材を新たに調達する必要がある。用意すべき資金は数千万円。申請書類の数も膨大だ。無線局免許申請書、無線局事項書、工事設計書、送信所敷地使用承諾書、発起人引受受諾書、法人設立計画書……

それでも、ＦＭわぃわぃには多くの支援者から開局資金として寄付が集まった。新たなスタジオは、ボランティアスタッフの手づくりで建てた。活躍したのは、アルコール依存症自助グループの大工たちだ。建材は長野県から支援物資として贈られてきた。機材や備品はできるかぎり民生品を調達した。書類もスタッフが徹夜をして書き上げ、大阪の近畿電監と往復して完成させた。

「ＪＯＺＺ７ＡＥ-ＦＭ、こちらはＦＭわぃわぃです。神戸市長田区海運町のスタジオから、放送を開始します」

阪神・淡路大震災から1年後、１９９６年1月17日。近畿電監の局長から本免許が手渡され、ＦＭわぃわぃは公式に放送をスタートさせた。

その放送は、平日の9時からベトナム語で生活・地域情報を伝える番組「チャオ・カック・バン」。10時からはスペイン語と日本語の「サルサ・タティナ」。それから、タガログ語と英語の「ピノイ・ラップ」、韓国朝鮮語と日本語の「ヨボセヨ」と続く。各国の料理・音楽の紹介や、日本語講座なども放送していった。

そしてこの年、日比野は通訳として隣で活躍していた吉富志津代と結婚する。よし、次は、神戸から世界に向かう番だ。そう意気込んでユーラシア大陸横断の新婚旅行に向かい、マカオのカジノで早々にすっからかんになる。

背中を丸めてホテルに戻ると、不敵な笑顔で迎えられた。

「気はすんだ？」

「はい……」

早くも連れ合いに頭が上がらなくなった。

風通しの良い窓のように

公式にラジオ放送を始めたＦＭわぃわぃだったが、その活動範囲はラジオ放送だけにとどまらなくなっていく。

米国のＩＴ企業プログレッシブネットワーク（現リアルネットワークス）の支援により、

1998年には番組のインターネット配信を始めた。

神戸市長田区には奄美群島の徳之島出身者が多く暮らしており、週に一回、島唄の番組を放送している。スタジオライブをするときなど、わざわざ電波の届く範囲までラジオを持ってやってくる人もいた。それがインターネット配信により、日本各地に住む奄美出身者にも番組を届けることができるようになったのだ。インターネットによる配信が当たり前になるずっと以前から、神戸の小さなラジオ局が、奄美文化圏の人々の心をネットワーキングしていた。

この年、FMわぃわぃは放送批評懇談会からギャラクシー賞35周年記念賞を贈られている。それだけ、放送業界内で注目される存在となった。

2002年には、FMわぃわぃで番組製作を担当している在日ブラジル人が10分間の映像ドキュメンタリーをつくりあげた。各地で上映会が開かれるほどに評判となり、映像表現を発信する「わぃわぃTV」として発展した。

FMわぃわぃの存在は「役割」のひとつにすぎない。鷹取教会は2000年に、たかとりコミュニティセンターとして生まれ変わっていた。高齢者への配食やITによる地域支援、翻訳・通訳事業コーディネート、ベトナム人や中南米系住民のコミュニティ支援など、7~8つの団体が独自の活動をしながら協力し、コミュニティセンターを支えている。

ここはＮＧＯが集まるカフェのようなものだ。気軽に人が出入りする。いっしょに働き、遊び、食べているうちに、ある人は人種や差別の問題に気づき、ある人は深刻な実情をぽろっとこぼし、ある人は支援活動を始める。たかとりコミュニティセンターにとって、ＦＭわぃわぃは風通しの良い「窓」かもしれない。お喋りと音楽が漏れ聞こえ、行き交う人がのぞき込む。


もっとも、活動がつねに順風満帆だったわけではない。

「ＦＭわぃわぃもここまでか……」

日比野がそう思う瞬間は何度もあった。震災の一時期に力を発揮するのと、日常にありつづけることとは別の問題だ。最初期に放送を支えた外国籍ボランティアの多くは、地域の零細企業の経営者や従業員であり、放送に専念する余力はない。ＦＭわぃわぃは２００３年には経営破綻に陥り、人事の刷新や放送時間の改変で乗り切っている。

神戸には一時のボランティアに来たはずだった。ラジオ放送はアナウンサーというプロがやる仕事だと思っていた。ラジオに受信機ではなく、送信機があることも知らなかった。しかし、日比野にとってここはもう、仕事の場、生活の場だ。神田神父から引き継ぎ、日比野は株式会社エフエムわいわいの代表取締役社長に就任した。

コミュニティラジオの祭典

日本では村。インドネシアではデサ。フィリピンではバランガイ。タイではタンボン。かたちや仕組みは少しずつ違うけれども、どんな国でも、人々は寄り集まることで地域社会をつくりあげてきた。それは顔見知り同士で、自らを「私たち」と思える共同体だ。最近ではコミュニティと呼ばれる。

インドネシアのリンタス・ムラピも、日本のFMわぃわぃも、「私たち」から始まったラジオ局だ。国や州や県といった大きな区分ではなく、徒歩で歩きまわれる狭い距離に電波を届けている。このサイズのラジオ局をコミュニティラジオと呼ぶ。

ラジオ局というと、都道府県を越えて放送するような設備を持った組織だと思われがちだが、ごく小規模で、狭いコミュニティのためだけに存在する放送局もまた、無数にあるのだ。その無数さを実感できる機会もある。

「コミュニティラジオだけが集まる国際会議があったよ！」

友人の松浦哲郎から興奮気味に誘われ、日比野がヨルダンに向かったのは2006年11月のことだった。

日本から12時間のフライトを経て、まず到着したのはドバイ。超高級ホテルや世界最大の室内スキー場、あらゆるブランド品が揃う巨大なショッピングモールなどに驚き呆れつつ、さらに飛行機で3時間半かけてヨルダンの首都アンマンへ。こちらは、うって変わって素朴な町並みだ。

朝8時半に国際会議場に向かうと、入り口にはアラブの民族衣装を着た楽団が整列しており、にぎやかな演奏で迎えられた。参加者は、94カ国から集まったコミュニティラジオ関係者350人以上。ヨルダンの官房長官による歓迎のスピーチによって、世界コミュニティラジオ連盟*（略称AMARC）の第9回大会は幕を開けた。

日本から参加したのは、当時、京都三条ラジオカフェで働いていた松浦哲郎と、FMわぃわぃ日比野純一の2人だった。松浦がAMARCの存在を知ったのは、「海外にも似たような活動はあるのだろうか？」と思い、「Community Radio」というキーワードで検索したことがきっかけだ。昨年のアジア・太平洋会議には松浦ひとりで参加し、今回、日比野を誘った。

＊ Association Mondiale Des Radiodiffuseurs Communautaires

開会式はさながらオリンピックだ。会場に座っているのは、アフリカ、アラブ、アジア、太平洋、南北アメリカ、そしてヨーロッパからの面々。アルファベット順に国名・地域名が読み上げられると、ちょっとした自国アピールとともに立ち上がり、歓声と拍手に包まれる。

当時の日本で「コミュニティラジオをやってます」と言っても意味は通じないが、この会場には仲間しかいない。アフガニスタンで街の復興に尽くしているラジオ局もあれば、南アフリカでドメスティック・バイオレンスの防止に努めているラジオ局もある。オーストラリアの移民コミュニティが放送するラジオ局。HIV対策のためにラジオ局を立ち上げたいと考えているジンバブエのグループ。小さなメディアを使って、自らの地域社会を少しでも良い場所にしたいと願っている人々ばかりだ。

AMARCの大会は、民間財団やNGO、国際機関や政府などの組織から資金援助を受けて開催されている。途上国や紛争地域から参加するための渡航費や宿泊費も、その援助によってまかなわれた。

第9回大会のテーマは〈Voices of the World-Free the Airwaves〉。メディアの自由や男女同権、社会正義などを協議テーマに、11月11日から17日までの会期中、朝8時半から夜20時まで、全体ミーティングやパネルディスカッション、ワークショップ、総会が続く。

会議が終わっても一日は終わらない。その後のディナーも歌と踊りで盛り上がる。日比野が最初に喝采を浴びたのは、夜のパーティで見よう見まねのコサックダンスを披露したときだった。

「英語は下手くそだけど、ダンスは素敵ね！」

その次は、昼に日比野が登壇した分科会「防災とコミュニティラジオ*」の中だ。災害から立ち直るために多文化の人々が活躍したＦＭわぃわぃのエピソードには、誰しもが感銘を受けた。講演後、プレゼンテーションに使ったＦＭわぃわぃ紹介ＤＶＤが欲しいと、ひっきりなしに人が押し寄せた。

テレビが意味を失うとき

この分科会には、日本と同じ災害大国であるインドネシアのコミュニティラジオ関係者も参加していた。そのひとりであり、英語がおぼつかなかった日比野のフォローをしていたイマム・プラコソは、会議の２年前に発生した、２００４年スマトラ沖地震の経

＊Community Radio in Disaster Management

験を語った。

阪神・淡路大震災をもたらした断層は約50キロの長さだったが、スマトラ沖地震の断層は1000キロを超える。プレートのゆがみが広範囲で一気に解放され、最大で高低差20メートルものズレが生じた。超巨大な津波を発生させたのは、この断層のズレだ。

津波はインドネシア、インド、スリランカ、タイなど11カ国の海岸を襲い、遠く離れたアフリカ大陸にすら被害をもたらしている。家族や友人を溺れさせ、故郷を壊滅させた〈Tsunami〉は、恐怖と悲しみをともなう言葉としてインド洋の人々の心に刻み込まれた。

最も被害を受けた地域はインドネシアのアチェ州で、死者は13万人以上。家を失った人々は50万人以上にのぼる。Tsunamiはまた、アチェ州の情報通信基盤も破壊し尽くしていった。ただ一つのラジオ局だったラジオ・リパブリック・インドネシアのスタッフは命を失い、あるいは家族を失い、スタジオを失った。

津波から逃れた人々のために、インドネシア政府は避難所にテレビを設置したが、被災者はすぐにこのマスメディアが役に立たないことに気づく。知りたいのは、インド洋の被害でもインドネシアの被害でもなく、アチェ・バーラ県やピーディー県やナーガン・ラーヤ県下における、具体的な生活再建への道筋だ。にもかかわらず、テレビの伝える情報は「アチェの外」に向けたものばかり。ほとんどの被災者は、インドネシア政府や国際社会から、個人的にどのような支援を受けることができるのか、知ることができなかった。

そんな状況下で、イギリスや日本の支援を受けて立ち上がったのが「アチェ・エマージェンシー・ラジオ・ネットワーク」だ。コミュニティラジオを開局し、行政や他メディアと連携することによって、被災者に必要な情報を届けることが、その目的だ。このプロジェクトを担ったのが、インドネシア各地でIT支援をおこなうNPO〈コンバイン〉*であり、当時その代表を務めていたイマムだった。

避難所にトランジスタラジオを配布し、仮設の災害対策本部に設置されたラジオ局から、健康・衛生・子どもの保護・再雇用・住宅再建などの情報や、音楽、トークショーなどを放送する。

イマムが現地で訓練したラジオスタッフのほとんどは、被災者でありボランティアだ。食べ物をどう手に入れるのか、お金をどう稼ぐのか、自分が生きることと、コミュニティラジオの運営を両立することはかんたんではない。ただ、人のために忙しく活動することによって、自分の受けた心の傷を少しは忘れることができる。

発災から2年間で、イマムは19局のコミュニティラジオをアチェに立ち上げた。小さ

＊ COMBINE Resource Institution

なラジオ局は、被災者と支援者、あるいは傷ついた人同士を結びつけていった。

スマトラ沖地震は、日本における阪神・淡路大震災と同様の教訓をインドネシアにもたらしたと言える。あまりにも大きな被害に対しては、政府や軍隊だけでは手が足りない。阪神・淡路大震災が日本に「ボランティア元年」をもたらしたように、インドネシアの人々も気づいていった。特別な人間だけではなく、私たちも誰かを助けることができる。

ラジオに対しても同じ気づきが生まれた。日本でFMわぃわぃのような活動が珍しかったように、インドネシアでもリンタス・ムラピのような活動はまれで、ミニFMは好きな音楽を流すためのおもちゃにすぎなかった。しかし、このおもちゃは、この国でしょっちゅう起こる地震や津波、火山、洪水、地滑り、干魃(かんばつ)、森林火災などの自然災害が起こったときに、コミュニティを力づける効果があるようだ。

神戸から世界へ

災害が多発する国は日本に限らないこと、防災にコミュニティラジオを役立てていこうとする取り組みが世界にもあることを、日比野は改めて知った。ヨルダンから帰国した翌年の2007年、「AMARC日本協議会」をたかとりコミュニティセンター内に発足させる。

ちょうどその頃、神戸という街も、当事者でなければわからない痛みを経験に変えて、防災と復興のノウハウを世界に発信しはじめていた。阪神・淡路大震災の教訓を各国に伝えるのは、世界中からたくさんの支援を受けた「恩返し」だ。

日比野とJICA兵庫は共同で、災害時の音声素材集を開発した。これは、地震や津波、地滑りといった自然災害が発生した際に、当地のラジオ局や防災無線、広報車などから素早くアナウンスするための音声データ集だ。9カ国語で合計193種類の音声素材がCD-ROMに収められている。

この音声素材集の原型となったのは、新潟県中越地震の支援だ。災害が起こったとき、言葉が通じないことによる苦労は嫌というほど身にしみている。FMわぃわぃは在日外国人支援グループと協力し、災害情報を多言語化し、新潟で被災した数千人の被災外国人のために、音声データを現地のラジオ局に届けていた。

こうしたツールは、もともとは日本に住む外国籍の人々を想定してつくったものだったが、AMARCのメンバーに紹介したところ「素晴らしい！　ぜひ自分の国でも使わせてくれないか」という要望が多く挙がった。そこで日比野は、タイやインドネシアの被災地を訪れ、コミュニティラジオ関係者から聞き取った経験談をもとに、音声素材に必要な情報を洗練させていった。

そして2009年8月、音声素材集を活用したコミュニティ防災トレーニングがインドネシアで開催されることとなる。現地パートナーは、AMARCで出会ったイマムたち。トレーニング対象となったコミュニティラジオのひとつは、リンタス・ムラピ。

ここで日比野は、初めてスキマンと出会うことになる。

海を越えた仲間との出会い

インドネシアの防災トレーニングでは、「緊急時に、音声素材を使って何を発信すべきか」といった狭い取り組みだけでなく、幅広い提案と議論が交わされた。たとえば、「平時から、現地の人に災害や自然環境に関する知識を理解してもらうには、どんなかたちで発信すればいいのか」
「放送局として、災害に対してどんな備えをすべきか」

といったテーマだ。

ＦＭわぃわぃは大震災を語り継ぐための番組を続けている。被災者自らがゲスト出演者となり、震災の経験を語り、自分の身をどう守るべきか考えていく番組だ。こうした「語り部」にスポットライトを当てる取り組みは、リンタス・ムラピをはじめとするムラピ山麓のコミュニティラジオにも大いに受け入れられた。

朝9時から午後3時半までみっちりとワークショップをして、夕方からはジョグジャカルタの名物、インドネシア流フライドチキン、アヤムゴレンをみんなでほおばる。インドネシアの人々との交流を重ねるうち、日比野は震災のあの頃に近いものを感じるようになる。人生で最も辛く、最も忙しく、そして、最も楽しかったあの頃に。

なぜ災害の支援に「楽しさ」なんて感じるのだろうか？　それは、制度や組織や人種の壁を越えて、誰もが分け隔てなく助け合うという「自由」が生まれるからかもしれない。阪神・淡路大震災の際は、神道と仏教とキリスト教が宗教の垣根を越えて祈りを結集した。

被災地支援のために、地元もヨソ者も関係なく大勢がアイデアを持ち寄り、いつの間にか次々と企画が実現していく。デザイン・シンキングやOODAループといったビジネスの世界で必要とされる方法論は、多様な人々が結集する災害時に、すでに発揮されている。

各自がてんでばらばらに動いているようで、あっという間に全体ができあがる。自由と統合の不思議な両立は、日本では、震災の一瞬だけ見ることができた。しかし、アジア圏のなかでも特にインドネシアでは、この気風がよく顔をのぞかせるようだ。この国は日本と同じく災害大国だが、それだけにコミュニティが自ら互いに助け合うという姿勢が強い。

そしてなにより、スキマン・モートトー・プラトモだ。数日間だけの付き合いでもわかる。ラジオの価値を誰よりも理解しており、話が早く、実行力がずば抜けている。教わることも非常に多い。こうした人々といっしょに知識や経験を共有していけば、新しい防災のあり方、コミュニティのあり方が見えるかもしれない。

2012年から、FMわぃわぃはJICAの支援のもと、海外事業を本格的に開始した。日比野はインドネシアと日本を行き来し、ムラピ山周辺のコミュニティ防災に力を注ぎはじめることになる。

ラジオ局同士をつなぐ

恐ろしい自然と付き合う秘訣

インドネシアのシドレジョ村にリンタス・ムラピを立ち上げたスキマン。神戸の長田区にＦＭわぃわぃを立ち上げた日比野。コミュニティラジオでの防災に取り組む人々は他にも大勢いるが、次は、ラジオ局同士をつないだ物語を紹介したい。

シナム・ミトゥロ・スタルノの生まれ育ったサミラン村は、標高１８００メートル。ムラピ山頂への玄関口として観光客がひっきりなしに訪れる。しかし少年時代のシナムは、登山にまったく興味がなかった。

「すぐそばにあるのに、なんでみんな登りたがるんだろ」

「あーあ。また、海で泳ぎたいな」

海に連れて行ってもらえるのは、一年に一度きり。その前夜は、兄弟ともどもワクワクして眠ることができなかった。


ムラピ山からジョグジャカルタの街を経由して、乗り合いバスで南に50キロ。そこはインド洋に面したパラントゥリティス・ビーチだ。

黒い砂浜に広がるその海は、いつもうなり声を立てていた。パラントゥリティスは波が高く、潮の流れが速い。両親はきつく言う。

「絶対に遠くまで泳いじゃいけないよ。さもなくば、ニョイ・ロロ・キドゥルに引きずり込まれるからね」

インド洋を統べる精霊の女王がニョイ・ロロ・キドゥルだ。海底の宮殿で召し使いにされたくなければ、言うことを聞くしかなかった。

ニョイ・ロロ・キドゥルは、ジョグジャカルタの王家に力を授けた女神でもある。その加護は今日まで続いており、スルタン（王）と霊的な婚姻関係にあると信じられている。

また、スルタンはムラピ山の頂上に住むという精霊、イーヤン・サプ・ジャガドとも契約を結んでいる。ジョグジャカルタの街があるのは、北のムラピ山と、南のインド洋のちょうど中間地点。この王都は「森羅万象の中心」を意図して建造されたのだった。

マタラム王家の宮廷詩は、海から轟音や山の噴火の助けによって敵国との戦いに勝利したと謳っている。そして21世紀となった現在でも、スルタンの誕生日の翌日にはラブハンという儀式がおこなわれ、山と海で供物が捧げられる。ジャワの王は精霊たちとの良好な交わりを欠かしてはならないのだ。もし災害が起これば、王が責務を果たしていないと見なされ、非難される。

シナムにとって山は居心地のいい住まいであり、海は楽しい遊び場だったが、どちらも命を落とす危険性をつねにはらんでいる。大いなる自然に対しては、正しい付き合い方があるのだと少年は感じ取っていた。

畑を守るメディア

１９９１年に村の小学校を卒業するまで、シナムは「畑の守護者」を自任していた。

家族が丹精込めて育てている作物への襲撃者、すなわち猿を追い払うことが自分の役割だったのだ。アカシアの樹を登るのは、猿と同じくらい得意だった。

サミラン村の特産品はタバコ。もちろんシナムの家でもつくっている。タバコが育つのは雨期の3月から8月までに限られており、乾期はニンジンやブロッコリー、キャベツなどを育てるが、この時期は野生動物から畑を守らなければならない［写真7］。猿を追い払った勢いで谷に下りて、野生のグァバを見つけて齧る。

村に電気がやってくるまでは、村長の家にだけテレビがあった。街で充電したバッテリーを運んで電源として使う。夜になると、大人も子どもも村長宅に集まって、TVを観ながら笑いあったり、議論したり、ふかしたキャッサバを食べていた。

「放送」に関する少年時代の思い出はもうひとつある。

「たこ糸と厚紙をもらったから、これで遊ぼう」

「何をするのさ」

「音楽番組だよ」

「……？」

友だちとつくったのは糸電話だ。お互いの姿が見えないくらいに離れて、お互いにTVで覚えたポピュラーソングを歌って、笑い転げた。

［写真7］

シナムのニンジン畑

（2018年4月撮影、写真提供：日比野純一）

ラジオ局を開局したのは大学生になってからだ。1999年、19歳になったシナムは中古のFM送信機を格安で手に入れ、村の友人たちとミニFMを立ち上げた。自分はマイクを、ムジアントはテープレコーダーを、スカントはアンテナを持ち寄った。パソコンは高価すぎて誰も持っていないから、音源は肉声とカセットテープだけ。

ラジオの電波は糸電話よりずっと遠くまで届く。仲間内で好きな音楽を流して、好きに喋っていた。放送スタジオも各自の家を持ち回りした。シナムはこの趣味のラジオ局を「MMC FM」と名づけた［写真8］。ムラピ・メルバブ・コミュニティFM。ムラピ山と、それから隣のメルバブ山に住む仲間たちとのラジオ。

このときのラジオはまだ遊びにすぎなかった。大学もしっくりこなかった。シナムが最も熱中したのは、農業組合タニ・マクマールの活動だった。

タニ・マクマールはシドレジョ村が属するボヨラリ県において、150の農家グループ、約3000人が所属する農業生産組織だ。シナムはここで農家の能力向上を担当した。実家だけでなく、県域で畑を守護すると決めたのだった。

ボヨラリは酪農家が多いが、牛乳の買い上げ価格が他の地域とくらべて不当に安い。

［写真8］

趣味のラジオ局「MMC FM」での放送の様子

（2012年撮影、写真提供：シナム・ミトゥロ・スタルノ）

シナムたちは市場を調査し、公的機関に価格変更を要求した。
またあるときは、農薬の適切な使い方を説明して回った。当時は用量の安全基準など定められていなかったからだ。
「皆さんが使っているこの除草剤、雑草がきれいさっぱりなくなってとても便利ですよね。でも実は、生き物を殺す毒でもあるんです。だから、たくさん使いすぎないよう気をつけてください」

こうした活動を通じて、シナムは多くのことを先輩から学んでいった。マーケティング、人脈づくり、アドボカシー、組織の予算策定、議論の仕方……そして、小さな農家の結束によって多くが生み出せるということ。

農村支援活動とラジオがつながるのは、2002年になってからだ。ジャワ島全土で農村をテーマにした大規模なイベントが開催され、シナムも参加した。カンファレンスの主要テーマのひとつは「ラジオと農村運動」。コミュニティラジオを上手に使えば、人々に知識を伝え、アイデアを交換し、自らの手で村を発展させることができる。そんなラジオの価値を知った。

「あの音楽遊びの機械が、そんなすごいものだったなんて……」

イベントのあと、シナムはさっそくMMC FMの放送にニュースや農業知識などを加えていった。また、2003年にはタニ・マクマール内にもラジオ局「ボヨラリ・ピープル・ボイス」を立ち上げた。

大学を卒業すると、シナムはさまざまなNGOを渡り歩く。地方自治体の支援、貧困層のための教育演劇、地方選挙のモニタリング……活動の中で出会ったラハユとは、のちに結婚した。

悩ましいことに、シナムが別の街で仕事をしているあいだ、MMC FMの放送は止まってしまっていた。ラジオはただの道具であり、置きっぱなしでは何も起こらない。放送を流しつづけるには、きちんと組織化して、運営能力を身に付けていかねばならない。活動を一過性でなく恒久的なものへと変えるには、コミュニティラジオをもっと社会的な存在に、公的に認められる組織にしていかなければ。

ところが、インドネシアにおいて、コミュニティラジオの公式化は一筋縄ではいかなかった。

インドネシアとラジオの歴史

コミュニティラジオが「辺境」のためのラジオだとすれば、インドネシアの歴史において、ラジオはそのほとんどが「中央」のために使われてきた。

インドネシアのラジオ放送は1925年に始まる。この国を支配していたオランダが、当時の首都バタビアを皮切りに、バンドン、メダン、ジョグジャカルタ、スラカルタ、スラバヤ、スマランと続々とラジオ局を開局させていった。その狙いは、激化しはじめた民族主義の沈静化である。オランダ領東インド政府は、ラジオを使って行政情報を放送するとともに、西洋文化を強力に宣伝していった。こちらの言語、音楽、芸能のほうがずっと先進的で、魅力的だと感じさせるために。

地球のかなたにまで電波が届く「短波ラジオ」を世界で初めて開局したのも、この時代のオランダだ。ヴィルヘルミナ女王の演説とその権威を、1万キロ離れたジャワ島に向けて伝えた。

皮肉なことに、そのオランダをインドネシアから撤退させたのもまたラジオだった。1942年、ジャワ島に侵攻した日本軍が偽の放送局を設立し、オランダ語とインドネシア語で戦況の不利を訴えたのだ。

「日本軍は10万の兵力を増強せり」

「英米の増援は到着せず」

「オランダ本国は停戦のため日本政府と交渉を開始す」

嘘のニュースに慌てた駐留オランダ軍は、放送開始からわずか一週間で降伏書類にサインすることとなる。

次は日本が占領統治にラジオを利用する番だったが、長続きはしなかった。1945年8月17日午後7時、降伏してもまだ日本の勝利という嘘を伝えつづけていたアナウンサーが、突然、インドネシア共和国の独立宣言を読み上げたのだ。翌日、スカルノが大統領に就任し、憲法が制定・公布・施行される。オランダはこの宣言を無効としたものの、その後の独立戦争の末、ついに300年支配していた植民地を失った。

独立戦争の渦中でインドネシア国民を鼓舞したのが、1945年9月11日に設立された国営ラジオ局*（RRI）である。そのためインドネシアでは、9月11日を「ラジオの日」

＊RRI:
Radio Republik Indonesia

に制定している。
その力を身に染みて理解していたからか、今度はインドネシア政府がラジオを厳しく統制した。スカルノは西洋のラジオ放送を聞くことを固く禁じ、さらに第2代大統領スハルトは、すべてのメディアを厳しい検閲の下に敷いた。検閲官が「反政府放送」とみなせば、放送局は一晩で閉鎖されることになる。コミュニティラジオなどありえなかった。この統制は、1998年の民主化まで長く続いた。

インドネシアコミュニティ放送協会

独立から半世紀以上経過してスハルト政権が崩壊すると、やっとメディアへの統制がある程度収まった。インドネシアには小さなラジオ局が次々と生まれていった。好きな音楽を放送するホビーラジオ。大学構内で運営されるキャンパスラジオ。そして、地域のためのコミュニティラジオ。その数は、1000とも2000とも言われる。

やがて小さなラジオ局たちは連携し、インドネシアコミュニティ放送協会*(JRKI)

* JRKI:
Jaringan Radio
Komunitas Indonesia

を立ち上げた。協会の目的は、各放送局の運営能力を高めること。放送局のあいだにパートナーシップを築くこと。そして、コミュニティラジオを地域に役立たせるための政策提言をすることである。その活動の甲斐あって、2003年に施行された「32号改正放送法」には、報道の自由や人権への配慮の他に、コミュニティラジオの存在が明記された。インドネシアにおいて、初めて小さなラジオ局の存在が公式に認められたのだ。

さらに2005年には、省令によってコミュニティラジオの周波数が107・5メガヘルツ、107・7メガヘルツ、107・9メガヘルツの三種類と定められた。

しかし、ラジオ機材というツールだけあっても運営者がいなければ動かないように、コミュニティラジオに関するルールができても、きちんと運用されなければ意味がない。インドネシアでは、コミュニティラジオに関するライセンスの申請をしても、認可が下りるまで数年、場合によっては10年近く待たされてしまう。ほんとうに手続きをする気があるのか疑わしい。さらに周波数使用権は、商用ラジオ局と同じ金額の年間100万ルピア（約1万円）。決して豊かとは言えない農村にとって、負担が大きすぎる金額だ。

インドネシアにおいて、コミュニティラジオの意義がほんとうに理解されるようになるには、まだ道のりが必要だった。

シナムが書記としてJRKIに加わったのは2006年。中部ジャワにあるバンジャルヌガラの街でコミュニティラジオ局が集まるイベントに参加したとき、JRKI創設者たちに出会ったことがきっかけだ。放送を休止していたMMC FMも、機材の埃(ほこり)を払って再開した。今度は友人だけでなく、サミラン村の多くの人々が参画できるような組織を立ち上げた。自分が運営に携わらなくても、放送を続けるために。

さらにシナムは、ムラピ山の周辺地域に呼びかけて、防災のための情報通信ネットワーク「ジャリン・ムラピ(Jalin Merapi)」も立ち上げた。サミラン村からはMMC FMの代表となった友人のムジアント、シドレジョ村からはリンタス・ムラピのスキマン、ドゥクン村からはK FMを運営するジェフリーが加わり、無線通信やSNSを活用する団体も参画していった。

その全員が口を揃えて言う。「自分たちにはもっとムラピ山の情報が必要だ」。山の観測データは、500キロ以上離れた首都ジャカルタに集約され、地元に届くまでには時間がかかる。そこでジャリン・ムラピはウェブサイトを立ち上げ、Twitterを運営し、実際に山に登り、「今日のムラピ山」の状態を自ら観測してレポートしていった。

２０００年代から活気づいたインドネシアのコミュニティラジオにとって、ラジオはあくまでもＩＴツールのひとつに過ぎない。当時すでにインターネットや携帯電話も普及しだしていた。

だからＪＲＫＩは「３つの〈ＯＮ〉」を組み合わせる重要さを説いている。

１つ目の〈ＯＮ〉は、ラジオ番組を届ける〈ＯＮ ＡＩＲ〉。
２つ目は、ウェブサイトやＳＮＳを活用する〈ＯＮ ＬＩＮＥ〉。
３つ目は、人と人が直接会って話し合う〈ＯＮ ＧＲＯＵＮＤ〉だ。

オンラインでのミーティングと対面での打ち合わせが違うように、どの〈ＯＮ〉にも、メリット／デメリットが存在する。だから状況に応じて使い分けていかなければならない。また、チャネルを多層化していれば、どれかが使えなくなったとしても、他の手段によって情報を伝達できる。

幸か不幸か、ムラピはこうした備えがすぐに試される場所だ。

大噴火の危機に、人々を結びつける

インドネシアにおいて、火山の警戒レベルは4段階に設定されている。

2010年9月20日。ムラピ山の活動が活発化し、「平常活動（Aktif Normal）」からレベル2の「注意（Waspada）」に引き上げられた。

10月21日には、さらにレベル3の「警戒（Siaga）」へと上がり、念のため自主避難する人々もあらわれはじめた。とはいえ、この程度の警戒レベルならば、いつものことだ。

しかし、このときは違った。その後、火山性地震が500回以上も断続的に発生したのだ。政府は10月25日に警戒レベルを最高の「危険（Awas）」に引き上げ、山頂から10キロ以内の村に避難勧告を出した。

避難は間に合わなかった。

勧告を出した翌日、ムラピ山は噴火した。いつもの噴火のように煙を上げるだけではなく、溶岩ドームが崩落するだけでもない。それは爆発的噴火だった。火砕流がゲンドル川に沿って山を下り、灼熱した土砂がキナレジョ村を直撃し、山を鎮めるための祈祷をしていたムラピ山の守人と、その取材をしていた新聞記者をふくむ17人が死亡した。別の村では、火山灰で気管支をやられた乳幼児が亡くなった。

その後も噴火は止まらなかった。1時間半にもわたって炎を噴き上げる日もあった。11月4日の深夜に起こった噴火が最大で、ムラピ山南部・南西部のウォロ川、ゲンドル川、クニン川、ボヨン川、ケラサック川に沿って火砕流が拡がった。222人が死亡。その中には、避難勧告の出ていない、山頂から18キロ離れた場所に住んでいた村人もいた。

噴火の轟音は山から50キロ以上離れた街に恐慌をもたらし、その灰は400キロ以上離れた空港を閉鎖させた。ジョグジャカルタの街も、世界遺産ボロブドゥールも火山灰に沈んだ。建物も車も、木々も、水田も、すべてが灰色で覆われた。

ここに至って、インドネシア国家防災庁（BNPB）は、一連の噴火を1872年以来の大規模なものであると発表した。避難区域は毎週のように10キロ、15キロ、20キロと拡大されたが、ムラピ周辺は停電しているため、自分の住んでいる場所が避難区域かどうか知ることすら難しい。川の水は干上がり、家の中にも灰が蔓延し、高熱のため近づくことすらできない道がある。

ひどい環境なのは、避難した先の仮設キャンプでも同様だ。大勢でごった返しており、物資はとぼしく、誰もが咳をしている。着の身着のままで逃げてきた人々がうずくまって震え、あるいはパニックを起こして叫びつづける。家族と家と家畜を失った悲しみに、自殺者も現れた。

噴火の被害を直接受けていない地域でも、これから灰が降って街を襲うというデマが飛び交っている。ムラピ山の守人であるムバ・マリジャンが亡くなったことも、ジャワ島の人々の衝撃をさらに増幅させていた。伝統的な教えを守りながら、大手飲料メーカーのテレビＣＭに出演するほど社会の信用を集めていた人物だ。

こうした状況下で、シナムたちの結成したムラピ山情報通信ネットワーク、ジャリン・ムラピは活動を始めた。彼らはまず、被災した斜面のコミュニティ各地に信頼できる情報を伝えていくために、さまざまな機関と連携していった。国家防災庁、地質災害研究技術開発センター、ガジャマダ大学、マグラン県やボヨラリ県・クラテン県・ジョグジャカルタの各防災組織……噴火に対する情報や知識、経験はたくさんあっても、それが関係機関ごとに散らばってしまっている。

シナムはそうした情報を統合し、ゴシップやデマをふるいにかけてから、マイクに向かって語りかけた。スマートフォンを使って、TwitterやFacebookで配信していった。バイクで各村に直接赴いて、村長に情報連携の必要を説いていった。情報チャネルは3つの〈ON〉だ。

3つのコミュニティラジオ局を中心とした、ラジオと無線機、トランシーバー、スマートフォンによる情報ネットワークは、62の村を結びつけていった。参加したボランティアは1600人にのぼる。

それは、被災地の人々にとって初めて、噴火の映像を繰り返し流すTVの全国ニュースではなく、自分たち向けの情報を手に入れる機会となった。政府機関もまた、同じネットワークを活用した。ジャリン・ムラピは情報のハブとして機能したのだ。逃げ遅れた人々を発見し、レスキュー隊とトラックを手配し、村人と牛を確保し、安全な場所へと避難させる。直接支援をしたいという海外ドナーの声も受け止めて、各地に不足している物資をリストアップし、分配していった。

コミュニティ放送局は、コミュニティの内と外をつなげるコネクターでもあったのだ。ラジオの力を、シナムは改めて実感した。

ムラピ山の警戒レベルが「注意」にまで下がったのは、爆発的噴火が起こって1カ月以上が経過した12月3日になってからのことだ。火砕流や土石流による死者は約400人。避難者はピーク時で40万人に達した。流れ出た火砕流と、降り積もった火山灰の堆積は、推定1億4千万立方メートル。土砂により川底は7メートル以上高くなった。川がとても浅くなったために、今度は雨期にあちこちで洪水を引き起こした。

一連の噴火が収まっても、ジャリン・ムラピはモニタリング情報を発信しつづけている。関係機関の情報だけでなく、村人が山頂に登り、観察し、ラジオやソーシャルメディアから報告する。村人はラジオに加えて、スマートフォンを持つようになった。ジャリン・ムラピのTwitterは、2022年現在、13万人以上にフォローされている。

関係機関との連携で得た、ムラピ山の衛星写真や地震計のグラフ、ガスの濃度といったデータは、山のふもとに生まれ育ったシナムにとっても新鮮な事実だった。どうやら自分は、思っていたよりずっと、ムラピのことを知らなかったらしい。

噴火が収まってすぐ、シナムはサミラン村の友人、MMC FMの仲間とともに山頂を目指した。初めてのムラピ登山だった。まだところどころから熱い蒸気が噴き出ていたが、怖くはなかった。ここは自分の生きる場所なのだから。山頂にあるはずの「プンチャック・ガルーダ」は噴火によって失われていたが、それでも登頂を果たしたとき、全身に幸せを感じた。
「これで、ほんとうにムラピと生きる人間になった気がする」
下山後、シナムは自分のメールアドレスをこう変更する。〈wongmerapi@xxxx.com〉。ジャワ語で「ムラピの男」。

噴火の翌年、シナムはインドネシアコミュニティ放送協会（ＪＲＫＩ）の会長に就任した。ムラピ山麓では、ジュモヨ村にラハラＦＭ、ケプハルジョ村にゲマムラピＦＭという新たに2つのコミュニティラジオが立ち上がり、ジャリン・ムラピに加わった。さらに、日本からやってきたＦＭわぃわぃも仲間に加わった。農村の活動でありながら、同時に国境も越えていった。

さらに次の年、ＪＲＫＩはインドネシア政府と防災に関する覚書を交わす。災害時におけるコミュニティラジオの重要性に、政府が少しずつ気づきはじめたのだ。それはシナムたちが目指すコミュニティラジオの真の公式化に向けた、大きな前進だった。コミュニティラジオが防災や復興に役立った事例が増えれば、政府の理解もさらに進むにちがいない。

「持ち運べるラジオ局」への挑戦と失敗

そのユニークなラジオ局をシナムが知ったのは、２００９年にスマトラ島を再び襲った地震がきっかけだった。

２００４年の大地震発生以降、スマトラ島沖ではマグニチュード7クラスの地震が頻発している。２００９年9月には13万の建物が倒壊し、死者数は１０００を超えた。

ＪＲＫＩの一員としてシナムが支援に駆けつけると、そこには、驚くべきラジオ局があった。「スーツケース」が放送局になっていたのだ。

20キログラムサイズのスーツケースの中に機材一式がパッケージングされている。ケースを開き、電源につなぎ、アンテナを立てさえすれば、たとえ屋外であってもその場所でラジオ放送を始められるという代物だ。

そんな「スーツケースラジオ」を使って放送していたのは、国際支援団体ファースト・レスポンス・ラジオ（ＦＲＲ）だった。ＦＲＲは大規模災害が起こった場合、緊急対応の訓練を受けたスタッフが現地に駆けつけ、発災から72時間以内にラジオ放送を始める。

２００４年のスマトラ島沖地震を契機に、キリスト教系の国際ラジオネットワーク、ファーイースト・ブロードキャスティング・カンパニー（ＦＥＢＣ）が立ち上げた支援団体だ。すでにインドやネパール、フィリピン、パキスタンなどで被災地支援を実践していた。

考えてみれば、被災者にとっていちばん情報が欲しい時期は、まさに災害が発生した直後だ。いったい何が起こったのか？　みんな無事なのか？　これからどうなるのか？どうやって生きのびればいいのか？　機材を調達して数週間後・数カ月後に放送を開始しても、もちろん無意味ではないが、真の緊急時には間に合わない。

また、災害が発生しやすい地域は、ラジオ局のスタジオやアンテナが被害に遭うおそれもある。放送しつづけられるとは限らない。「ラジオ放送の機材一式を持ち運ぶ」というアイデアは、シナムにとって強く心を動かされるものだった。

しかしＦＲＲの活動は災害の緊急対応に限定されており、どれほど長くとも1カ月で活動を終えてしまう。スーツケースラジオは返却しなければならない。自分たちでも、持ち運びできるラジオ局を手に入れることはできないだろうか？

スマトラでの活動を終えたシナムは、早速、技術者に相談する。バイクに取り付けてバッテリーで給電する「モーターサイクルラジオ」などの試作と失敗を経て、とうとうインドネシア版スーツケースラジオが完成した。そして２０１４年、シナムはスキマンとともに、噴火による被害を受けたシナブン山へ支援に向かった。スーツケースラジオを意気揚々と携えて。

テント張りの災害対策本部の中に場所を借り、おごそかにスーツケースを開ける。大勢の人々が見守るなか、シナムは送信機の電源をオンにし、マイクに向かって声を発した。

しかし、ラジオ受信機はただノイズを流すのみで、何も聞こえやしない。

冷や汗をかきながら何度電源をつけても、ケーブルを抜き差ししても、放送は始まる気配を見せない。飛び交うのは失望の視線ばかりだ。インドネシア版スーツケースラジオは、荒れた道路を長時間走っているあいだに、その振動で故障してしまっていたのだ。

「あの時はほんとうに参った。人生でいちばん恥ずかしかったよ」

当時を振り返ってシナムは苦笑いをする。予備の送信機を持ってきて助けてくれたスキマンが聖人に見えた。

インドネシアが「持ち運びできるラジオ局」を手にするには、まだしばらくの時が必要だった。

PART 2

「持ち運べるラジオ局」への挑戦

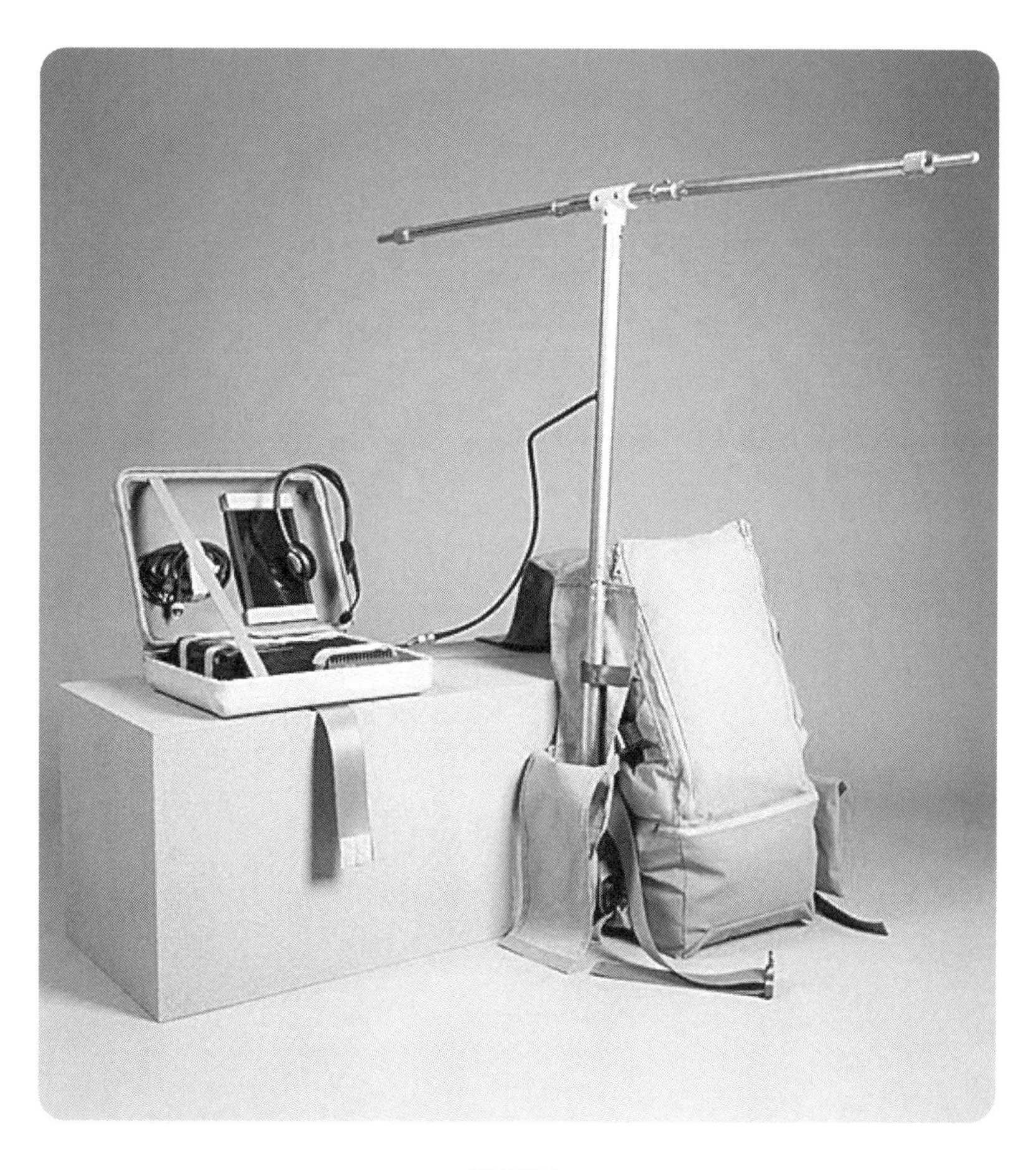

［写真9］

国際電気通信連合（ITU）が主催する「世界情報社会サミット」で受賞したバックパックラジオ

（2017年8月29日撮影）

合宿&発明コンテスト

はじまりは、思いつき

２０１４年2月8日の朝。ぼく、つまり、この本の書き手である瀬戸義章は、大雪の中、東京大学を目指して歩いていた。ハイカットの登山靴を履いてきたというのに、足首から入り込んでくるほど雪が積もっている。すべって転ばないためには、よたよたと進むしかない。

これまで、まるで見てきたかのように語ったけれど、この時点のぼくは、スキマンさんのことも、日比野さんのことも、シナムさんのことも、そして日本とインドネシアの災害ラジオのことも、ほとんど何も知らなかった。

知らなかったけれど、それでもぼくは、スーツケースラジオよりもっと小型の「持ち運べるラジオ局」をかたちにするために、雪の中を歩いていた。靴下の替えを持ってくればよかったと思いながら。

この日から東京大学で〈レース・フォー・レジリエンス〉が始まる。「発展途上国×防災・減災」をテーマにしたハッカソンだ。主催は世界銀行。日本を含めたアジア諸国と、ハイチ、イギリスで順次開催される。

ハッカソンは聞き慣れない言葉かもしれない。これは、コンピューターのシステムを操るハック（hack）と、マラソン（marathon）を掛け合わせた造語だ。新しいプログラムやサービスを、一気に走り抜けるように開発するイベントを指す。「合宿＆発明コンテスト」みたいなものだ。

２０１１年に東日本大震災が発生し、日本は、世界のほぼすべての国と地域から支援を受けた。このときの「恩返し」を、震災の教訓を元にしたテクノロジーでしようというのが、〈レース・フォー・レジリエンス〉のコンセプトだ。とりわけ災害の被害が拡大しやすい、発展途上国への貢献が目標に掲げられた。

このイベントの開催を聞いてすぐ、ぼくは「持ち運べるラジオ局」をつくることを思いついた。

「スマホならマイクもあるし、音楽も鳴らせるし、録音もできる。それなら、ラジオ放送用のアプリをつくって、あとは電波を飛ばすＦＭ送信機を取り付ければ、ラジオ局をどこでもすぐに開局できるじゃないか」

「災害時にはラジオが有効」だということは、なんとなく知っていた。ちゃんとしたラジオ局がどんな放送機材を使っているかは知らないけど、スタジオに据え置きする想定でつくられたそれを運んで組み立てるには、時間も手間もかかるだろう。だったら、スマホでかんたんに、素早く、そして格安でラジオ放送を始められるようにすれば、途上国での防災・減災に役立つはずだ。

　こんな感じでアイデアが降ってきたのは、記事を一本書き終えたシェアオフィスからの帰り道。ちょうど、ＪＲ武蔵中原駅の富士通工場前を歩いているときだった。

　ぼくの主な収入源はライター稼業であって、防災の専門家でもなければエンジニアとしてものづくりの技術を持っているわけでもない。ただ、社会課題に対してテクノロジーで立ち向かう試みには関心を持っていた。この年に書いた自分の記事を見直すと、

「麻痺した身体が再び動くようになる〈足こぎ車いす〉」

「プラスチックゴミを原料にした、水質浄化用の微生物のすみか」

「福島原発事故をきっかけに開発された、お弁当箱サイズの放射線量測定機」

など、今になっても興味深いプロダクトが出てくる。

しかし、ライター業というのは人の話を聞いてばかりだ。それは少し無責任な気がするし、面白さもそこそこ止まりだ。自分でも何かやってみたい。せっかく、良さそうなアイデアを思いついたんだし。

そんなわけで、ものづくりができる仲間たちを〈レース・フォー・レジリエンス〉に誘うべく、志高い説得を試みたのだった。

「このアイデアなら絶対優勝できるからさ、表彰式はロンドンであるみたいだし、タダでイギリス観光しちゃおうぜ」

6年後、このアイデアはインドネシアでかたちになって、ほんとうに、すぐに災害ラジオを開局できるようになる。でも、そのはじまりの動機はこんなものだった。だから、立派な理由だけを何かをするきっかけにする必要はないと思う。

スマホを部品として使う

「なんで〈持ち運べるラジオ局〉なんてアイデアを思いついたんですか？」

と、講演などでたまに質問を受ける。

アイデアや仮説というものは、いろんな情報が脳内で勝手に結びついて降ってくるものだと思う。だから、実際のところは「意識の底がうまいこと働いてくれた」としか答えようがないのだけれど、あとづけで理屈っぽく解説することならできる。

まず第一に、ぼくは、そこそこラジオ番組を聞いている。そこそこ、と言うのは、ハガキ職人なわけではなく、ヘビーリスナーと言うほどでもないからだ。それでも学生の頃からラジカセを買って、日常のBGMとして流していた。寝ぼすけな大学生が起きて意識をはっきりさせるには、隣でラジオが話しているのをぼんやり聞くことが効果的だったのだ。

ものすごく大したことのない経験だけれど、ラジオという文化に触れていたかどうか、という点は馬鹿にできない。動画や音楽の配信が当たり前となった今では、インターネットを介さないで音声コンテンツを聞くという行為はきわめて珍しい。中学や高校で講演をするときに「(アナログの)ラジオを聞いたことがありますか?」と質問をするけれど、手を挙げる生徒がいたとしても教室に1人、2人に過ぎない。

第二の理由は、学生時代、友人たちとたまにドライブに行っていたことだ。当時はまだ、音楽プレイヤーをブルートゥースや専用ケーブルでカーオーディオと接続することはできなかった。そこで使ったのが「車載用FMトランスミッター」。これは、iPodなどから流れる音楽をFMラジオの電波に変換して、ごく狭い範囲に放送する電子機器(ガジェット)だ。1000円くらいで買える。車内からアンテナまで電波が届けば、自分たちが持ち込んだ音楽をラジオとして聴くことができるというわけだ。道中はDJごっこなどをして、架空のお便りを読み上げながら選曲して笑いあった。

第三の理由。ここからは真面目な話。ぼくは、東日本大震災の復興を少しだけ手伝ったことがある。発災直後から仙台の農家のプレハブ小屋に寝泊まりして、被災家屋の片づけや泥の除去作業、支援物資のマッチング、ボランティアの派遣、チャリティイベントの開催などを手伝っていた。また翌年には、福島、宮城、岩手の三県を旅して、復興に尽力する人々の話を聞いてまわった。その旅の中で宮城県山元町の「りんごラジオ」を訪れた［写真10］。ここは、震災の10日後、3月21日に立ち上がった災害ラジオ局だ。

町役場の敷地に建てられたプレハブ小屋がスタジオになっていて、中に入ると、折りたたみ式長机の上に機材やCDや書類が積み上がっていた。元東北放送のアナウンサーである高橋厚さんが、地元のお母さんたちにあれこれ指導しながら放送している。びっくりしたことに、マイクのある席と他をへだてる仕切りはない。

そのとき「りんごラジオ」から流れていていたのは「小学校の運動会の音声」だった。実況や解説やインタビューがあるわけでもなく、ただ子どもたちの歓声とかけ声と運動会のBGMがひたすら流されるだけ。正直なところ、番組としてはとても成立していないだろう。でも、当時、どこに行っても破壊された建物と積もった泥ばかりに出くわす状況の中で、元気な子どもたちの声を聞けて、なんだかすごくホッとしたことを覚えている。

津波によって防災無線も広報車も流されてしまい、文書の印刷も配達もままならない。そんななかで高橋さんは、情報発信のために、新潟県のラジオ局から機材を借りて「りんごラジオ」を立ち上げた。町の復旧が進んでからも、「○○さん家の柿がなった」とい

［写真10］

東日本大震災で開局した、宮城県の災害ラジオ局

（2011年12月1日撮影）

った身近なニュースが喜ばれたり、復興工事に関する町議会の議論について関心が持たれているという。そんな話を聞いて、小さなラジオ局ならではの効果に感心したものだ。TVなどで見知った「災害時にラジオが役に立つ」という教訓の実態に、少しだけ触れることができた。

第四の理由は、「スマホを活用した途上国支援」の経験だ。

2012年、〈See-D Contest〉という、これまた「途上国のための発明コンテスト」が開催された。このコンテストには、『世界を変えるデザイン』という本や展示に触発された大勢のエンジニアやデザイナー、学生や国際協力活動従事者が参加した。ぼくもそのひとりだ。そしてこのコンテストで優勝したことをきっかけに、仲間とともに東ティモールという東南アジアの最貧国で活動をした。

このときのアイデアは、「地方に荷物を運んできたトラックドライバーが、〈帰るけど何か運びたいものある?〉と周辺の村に尋ねるアプリをつくること」だった。

チャーターではなく帰り道のついでに運んでもらえば、農家は低コストで市場に農産物を届けることができるから、野菜や家畜の販売機会が増えて、農村の所得向上につながるはずだ。このアプリは、インターネットがない環境下でもメッセージを送れるように、ＳＭＳ（ショートメッセージ）に対応している。

実際にアプリを開発し、現地のトラック所有者と契約を交わして数年間活動を続けたが、この試みは、悔しいことにうまくいかなかった。その原因は、売り物になる地方の農産物がそもそも少なかったり、「知り合い以外とは取引したくない」という商習慣の違いがあったり、都市部の食肉市場が未成熟だったりと、さまざまだ。国際支援の勘どころがわかっていないぼくたち素人が直接乗り込んでいったのも、よくなかった。

とはいえ、このときの経験によって多くを得ることもできた。仲間のひとり、神川康久さんがこんなことを言ったのが印象に残っている。

「途上国なら数千円でスマホが買えることにびっくりしたよ。それなら、いっそスマホを〈部品〉だと思えば、さらに面白いことができるんじゃないか」

インターネットが空気のように当たり前になった社会では、スマホを使えば何でもできると思いがちだ。でも、災害時にインターネットが使えるとは限らない。そのときは、途上国の非電化地域と似たような状況かもしれない。しかしスマホというのは、いろいろなセンサーと機能が詰まった超小型高性能コンピューターである。このスマホを主役ではなく「部品」として扱えば、他の活用法が見えてくる。神川さんは、そんな視点を与えてくれた。

以上が、「持ち運べるラジオ局」を思いつくまでの紆余曲折だ。

ほら、スマホを「マイクと楽曲再生とミキサー」のための部品にして、車載用より遠くまで電波を飛ばせるＦＭトランスミッターに接続すれば、災害時に役立つラジオ局くらい、あっという間に立ち上げることができそうじゃないか。

ハッカソンでの出会い

ハッカソンの話に戻ろう。コートの雪を払いながら東大の広い教室に入ると、ざっと１００人ほどがこのハッカソンに参加するようだった。説明を聞いたあと、空いているテーブルとホワイトボードを確保して、チームメンバーの中村貴玄（たかはる）さん、宮本嘉行（よしゆき）さんと打ち合わせに入る。

「スマホを使ってラジオを放送できるようにする」というアイデアはすでにあったもの

の、実際にかたちにするために、決めるべきことは山ほどあった。

電波をどこまで飛ばすことを想定するのか。電源はどうやって確保するか。それを実現するために必要な機材は何か。2日目の夕方におこなわれる発表会で、どこまでデモンストレーションできるようにするか。スマホアプリの画面デザインをどのようにするか……。

こうすればいいという正解があるわけではないので、付箋をホワイトボードにベタベタと貼りつつ仮説を立てていく。そして中村さんがハードウェアの製作を、宮本さんがアプリの製作を、ぼくはウェブサイトのデザインを担当した。

なぜウェブサイトが必要なのかと首をかしげるかもしれない。それは、装置だけぽんと渡されても、災害ラジオ局を運営するのは難しいと考えたからだ。ニュース情報の集め方、原稿の読み方、デマを拡散しないために気をつけるべきこと、音声だけでものごとを伝えるためのコツなど、番組づくりを支援する場所があったほうがいい。また、ハワイの放送局が津波に関する15分番組をつくったとして、それはタイでも役に立つかもしれない。番組の音声データをアーカイブすることもできるウェブサイトを構想した。

ポテトチップスをパリパリと食べつつ、雑談を交えつつ作業していると、誰かに呼ばれた。振り返ると、シェアオフィスでよく会う翻訳家の高橋絵美さんがいる。彼女はひとりのアメリカ人を連れていた。なんでも、面白そうなチームがないか探していたそうだ。

内心冷や汗をかきながら、カタコトの英語で「災害ラジオをスマホで立ち上げる」というコンセプトを話す。共感してくれたようだ。こうしてアリゾナ出身のエンジニア、エミリー・プレモーが仲間に加わり、高橋さんも交えて、ぼくたちは20代~40代のチーム編成となった。

もうひとつ、重要な出会いがあった。こちらも、シェアオフィスで顔見知りになっていた情報社会学研究者の会津泉さんが、ぼくたちの取り組みを見て「FMわぃわぃの日比野純一さんという人が絶対気に入るから、連絡するといい」と紹介してくれたのだ(この本を順番に読んできた方はとっくにご存じだろうけど)。なんでも、FMわぃわぃというラジオ局は災害ラジオの先駆けで、国際支援もやっているらしい。まさにぼくたちがやりたい分野の専門家、先駆者じゃないか。早速「こんなことを考えています」というアイデアスケッチを日比野さんにメールする。

そうこうしているうちに、あっという間に夜10時になり、ハッカソン1日目は終了した。

そして審査会へ

ハッカソン2日目。今日の夕方4時に審査員の前で試作品のデモンストレーションをする。つまり、それまでに何かしら動くものをつくらなければならない。

アプリ担当の宮本さんと話し合いながら、動作させる機能を絞っていく。音声編集機能や録音機能などはボタン表示だけにして、ＢＧＭを流しながら話せるミキシング機能を実装した［写真11］。

スマホから出力される音源をラジオのＦＭ電波へと変換する送信機は、市販の車載用ＦＭトランスミッターを流用する。会場でも使えるようにするため、雪の中、

［写真11］
「持ち運べるラジオ局」の試作品
（2014年5月5日撮影）

中村さんが重いバッテリーを運んできてくれた。

こんなふうに文章としてまとめると、テキパキと物事を進めているかのように見えるかもしれない。でも、実際は、時間があっという間に過ぎゆくなかで、「忘れてた！アレも決めておかないと……」ということばかりだった。

ネーミングもそのひとつだ。「うーん、〈持ち運べるラジオ局〉なんだから〈モバイル・ラジオ・ステーション〉かな？」と思いつきで言うと、「それだと無線局と誤解される」とエミリーからの突っ込みが入る。最終的に「モバイル・FMラジオ・ステーション」になった。

それから、昨日連絡したばかりだというのに、日比野さんからこんな推薦メッセージをもらうこともできた。

「高価で重い機材を運ぶ必要のないこの装置は、女性や子どもにとっても使いやすい、画期的なものです。コミュニティラジオを立ち上げやすくすることは、特に途上国において、災害からの復旧だけでなく、平時のコミュニティを力づけるためにも役立つでしょう」

プレゼンの準備をなんとか間に合わせて、発表に臨む。会場は東大のコンベンションホール。持ち時間はたったの2分。携帯のラジオ受信機を持った宮本さんが審査員席の近くに座り、壇上にいるぼくがスマホを掲げ、それからラジオのパーソナリティっぽく話しかける。携帯ラジオからぼくの声が聞こえれば、装置の意図がすぐにわかるだろうと思っての仕掛けだ。

しかしこのとき、ぼくたちはひとつ勘違いをしていた。車載用FMトランスミッターの電波が数メートル飛ぶと思っていたのだ。実際には、電波は数十センチしか飛ばない仕様となっている。つまり、壇上から審査員席まで、ラジオの電波は届かない。

コンベンションホールに響いたのは、ザッザザザッーというノイズだけだった。

審査結果は、第三位と特別賞を2つ。

優勝することができず心底がっかりしながら懇親会に参加すると、ひとつ面白いことが起こった。やけにご年配の男性にモテるのだ。盛んに握手を求められる。

「いやあ、久しぶりにラジオから声を聞いたよ」

「いまどき、こういうのをやってくれるなんて」

「やっぱり、あの音はいいねえ」

いや、でも、あのときラジオから流れたのは、ノイズだけだったと思うけど……。

何が聞こえたかはさておき、現代日本の電子技術は、この人たちのような、かつてのラジオ少年が培ってきたのだな、ということを実感できる出来事でもあった。

スマホという新しい技術と、ラジオという枯れた技術。新旧両方の組み合わせは、技術者にとって興味深い試みだったらしい。後日、チームメンバーのひとりである中村さんがこんなことを言っていた。

「これまで〈機能〉を実現するためには、必ず〈機材〉が必要だった。でもスマホという小型コンピューターの登場で、アプリの中に多くの機能を集約できるようになった。ハードウェアは前提条件ではなく、選択肢のひとつに過ぎなくなったのだと思う。今回のコンテストは技術者にとって、世界観の移り変わりを実感できる良い機会だったよ」

途上国の反応

優勝することはできなかったものの、モバイル・FMラジオ・ステーションのアイデアは一定の評価を受けることができた。もしほんとうに世の中の役に立つなら、アイデアで終わらせずに、プロダクトとして実現したい。

そう思って世界銀行の担当者に相談したところ、笑顔でこう返された。

「防災にどれくらい効果があるのか、数値的なエビデンスがないと動けないし、お金も出せません」

まだこの世にないものの効果を証明しろと言われても困る。

「持ち運べるラジオ局」は本来、途上国での利用を想定したものだ。はたして、このコンセプトは実際そこに住む人々に受け入れてもらえるのだろうか？

ハッカソンから3カ月後の、２０１４年5月。ぼくは第1回ファブラボ・アジア・ネットワーク会議〈ＦＡＮ１〉に参加するため、フィリピンへ向かった。

ファブラボとは、「つくる」ことを身近にするための工作室であり、ワークショップであり、世界的なネットワークだ。〈レース・フォー・レジリエンス〉に総勢で１００名もの参加があったように、世界には、つくることで誰かを助けよう、面白いことをしよう、と考えている人々が大勢いる。

ファブラボの発祥は、アメリカのマサチューセッツ工科大学（ＭＩＴ）と、ヴェイジャンアシュラムというインドの辺境に建てられた学校だ。ぼくは２０１２年にヴェイジャンアシュラムを訪れたことがあるが、そこは、貧しい地方の若い男女が集まり、自分たちでドーム型の快適な家を建てたり、ジャンク品から耕運機をつくったりと、実践的なテクノロジーを身に付けることのできる場所だった。

ヴェイジャンアシュラムのキャンバス内には、お金をかけずに収穫を増やすための水耕栽培が研究されていたり、太陽熱で調理する巨大なソーラークッカーが建てられていたりする。ここは農学校と工業学校のハイブリッドだ。それも、切実なニーズに立ち向かうための。

1998年にヴェイジャンアシュラムを訪れたMITのニール・ガーシェンフェルド教授は、ぼくよりもっと興奮しただろう。世界で最も優れた工科大学の名物教授は、インドの辺境の学校の片隅に、電子工作に使うミリングマシンや3Dプリンタ、レーザーカッターなどのデジタル工作機器を提供し、工房を設立した。これがファブラボの原点だ。

その後ファブラボは、ガーナ、ノルウェー、南アフリカと、草の根的に展開されていき、大きな潮流となった。2020年時点では世界に2000カ所。日本にも、鎌倉、つくば、渋谷、北加賀屋、関内、仙台などにある。各地の人々がものづくりの技術を学び、必要なものや欲しいものを自らの手でつくりだす活動が、ファブラボによって加速されている。

たんなる技術工房ではなく、世界中のニーズとノウハウが行き交うネットワークこそがファブラボの大きな特徴だ。フィリピンで開催される国際会議〈ＦＡＮ１〉もまた、アジア各国に誕生したファブラボの関係者が集うイベントだった［写真12］。

ＦＡＮ１の会場はボホール島。フィリピンで10番目の大きさの島だそうだ。日本からセブ島へ飛び、フェリーに乗り換えて現地に向かう。

しかし、フェリーが到着したのは、ほとんど人がいない小さな漁港だった。目的地は市街地で、ボホールはダイビングスポットとして有名なのに、土産物屋す

［写真12］
ファブラボアジア会議でプレゼンする
（2014年5月撮影）

ら見当たらない。どうやらフェリーの乗り場を勘違いして、同じ島の別の港に到着してしまったようだ。

ここは三輪バイクタクシーの〈トライシクル〉に乗って、島を横断するしかない。それほど大きな島ではないので、3時間も走れば着くはずだ。そして海岸沿いの道路は車がほとんど通らない田舎道だ。のんびりと南国気分を味わおう。

しかし、美しいビーチの景色に混じって目についたのは、崩れた家屋の残骸や、土砂崩れの生々しい跡だった。

ここに来る半年前の2013年10月に、ボホール島ではマグニチュード7・1の地震が発生し、200人以上が死亡する惨事となっていた。加えてこのあと、超大型台風のハイエンにも襲われている。

災害は、決して珍しいことではないのかもしれない。世界のどこかでつねに起こっている。

リゾート気分を吹き飛ばされながら会場の州立ボホール島大学に到着すると、そこはもう大勢の人で賑わっていた。フィリピン、日本、台湾、インドネシア、イスラエル、インド、韓国、東ティモールなどから、ものづくりに携わる人々およそ200人がやってきている。

「国際会議」と冠されてはいるが、口より先に手を動かしたい職人気質の集まりだ。話し合いだけで終わるわけがない。３ＤプリンタやＣＮＣミリングマシンといったデジタル工作機械の使い方を教え合ったり、震災復興や貧困の状況をフィールド調査したり、バナナの繊維やプラスチックゴミを素材にしたデザインのワークショップが開催されたりと、実際は「国際ものづくり合宿」と呼んだほうが正しい姿だと思う。

あちこちの会場をのぞいて、出会った人にモバイル・ＦＭラジオ・ステーションを試してもらっているうちに、最終日のシンポジウムでプレゼンする時間をもらうことができた。〈レース・フォー・レジリエンス〉の失敗を繰り返さないよう、今度は手元に携帯ラジオを置いて、スマホマイクに呼びかける。

ノイズ混じりに会場に響いた「ハロー、エブリワン」の一言だけで、拍手喝采を受けたのは生まれて初めてだった。

休憩時間になると、みんな興味津々で集まってくる。

「どうやったらつくれる？」

「仕組みは？」

「中を開けていい？」

質問の内容も、つくり手目線だった。そう、どこの国にも、つくり手は存在するのだ。

この先、「持ち運べるラジオ局」が製品化したとしても、国際支援として機材を配布しただけでは、壊れたら使えなくなってしまう。しかし、現地の部品で、現地のエンジニアがつくれるような代物ならば、その地域で持続的なプロダクトとなる。途上国でのニーズを感じただけでなく、「モノを渡すのではなく、つくり方を渡す」という視界が開けたＦＡＮ１となった。

実用化に向けた試行錯誤

途上国での利用について少しイメージが前進したものの、モバイル・ＦＭラジオ・ステーションを災害現場で利用可能なプロダクトにしていくには、現状から何段階も進化させなければならない。なにしろ、今のままでは電波が数十センチしか飛ばないのだから。

エミリーがネット上に公開されていた回路図からＦＭ送信機を自作し、アンテナをどこからか仕入れてきてくれたが、日本には「電波法」がある。日本は世界の中でもとくに電波利用を厳しく制限している国だ。総務省は監視車を巡回させ、違法電波を取り締まっている。狭い土地で干渉を起こさず電波を共有するためには仕方ないことかもしれないが、このままでは、ろくに実験することもかなわない。

一方、Facebookでやりとりを続けていた日比野さんからは、別の宿題をもらっていた。「アプリをＭＰ３に対応してほしい」という要望だ。スマホで鳴らせる楽曲ファイルには、ＷＡＶＥ、ＡＩＦＦ、ＡＡＣ、ＦＬＡＣといったいろいろな形式があり、ＭＰ３もそのひとつだ。日比野さんが災害支援活動をしているインドネシアではＭＰ３の利用が一般的で、これに対応していないと、ラジオ放送アプリとして使ってもらえないとのこと。

インヨンというインドネシアの技術者が「ラジオアプリを改修したい」と言ってきたので、必要なファイルを渡して任せてみたが、飽きたのか諦めたのか、あっという間に音信不通になってしまった。

そこで改めてアプリを試作した宮本さんと、ファブラボ関内で知り合ったエンジニアの下松さんに、ＭＰ３対応をお願いする。とはいえ、メールやチャット越しの相手のために休日を使ってあれこれ作業をするのは、モチベーションがなかなか湧きづらいものだ。３人で神戸へ行き、日比野さんに会うことにした。

日比野純一さんは、いつもにこやかで、ぼくたちが騒いでいるのを楽しそうに見守りつつ、ときに好奇心を全開にして食いついてくる、という人だ。長田地区の名物だというお好み焼き屋に連れて行ってもらったところ、FMわぃわぃに出演している団体とたまたまいっしょになって、乾杯をする。コミュニティラジオは、ほんとうに地元のラジオ局なのだな、と感じる。

さんざん飲んで食べたあとに、「あ、収録を忘れてた。皆さん、これからラジオに出てね」と日比野さん。スタジオに引き返し、インタビューを受ける。

「こんなにあっさり、しかもお酒飲んだのに、ラジオに出演できちゃうんだ」

宮本さんは驚いていた。確かに、ラジオに出演してくださいと言われて、ここまで打ち解けた収録を想像する人はなかなかいないだろう。

収録後は日比野さん宅に泊めてもらい、翌日は防災学習施設の「人と防災未来センター」を見学し、人気のパン屋でお土産を買った。そんな神戸ツアーの2週間後、ぼくは仙台にいた。

インドネシアなら実現できる？

仙台では国連による「第3回 防災世界会議」がおこなわれており、それに合わせてコミュニティラジオのカンファレンスである〈アジア・ラジオ・フォーラム〉が開催される。良い機会だから出席しないかと、日比野さんに招待されたのだった。

カンファレンスにはFMわぃわぃと、仙台のコミュニティFMである「RADIO3」、気仙沼市で「ぎょっとエフエム」を放送しているラヂオ気仙沼、臨時災害放送局として立ち上がった南相馬ひばりFM、さらにフィリピンやインドネシアからも、ラジオと防災コミュニケーションに関するNGOが集まっていた。

災害ラジオというと緊急・復旧段階での情報提供が注目されがちだが、このカンファレンスでは「リハビリテーションとしてのラジオ」が取り上げられた。

コミュニティラジオ局は、大きなメディアでは取り上げられないような人々の声を拾い上げることができる。そして、別れてしまった人々をつなぎ直し、違う意見の相手と対話する機会を提供する。散り散りになったコミュニティを再結束させるという、個人の心を励ますだけでなく、地域をリハビリする効果があるのだ。

ここで初めて、ぼくは、インドネシアのコミュニティラジオ関係者と出会った。といっても、シナム、イマン、イマム、アントンと、似たような響きの名前を一挙に紹介されて、名前と顔を一致させるのに、ずいぶんと時間がかかったのだけれど……。

シナムは小柄で温厚なたたずまいだが、リーダーとしての風格を漂わせており、まさか年下だとは思わなかった。

このときのアプリは、宮本さん・下松さんペアによってMP3対応が完了しており、さらに、二つの音源を流せるようなチャネルや、クロスフェーダーの機能が追加実装ずみだった。ラジオ番組ふうにぼくがデモをすると、シナムはすぐに立ち上がって何枚もスマホで写真を撮って、その日の夜に詳細なレポートをFacebookにアップした。シナムにとっては何度も失敗したあの「スーツケースラジオ」のスマホ版だ。それだけ思いも強かったのだろう［写真13］。

インドネシアには1000を超えるコミュニティラジオ局があり、地域によってはTVやインターネットよりラジオがメディアとして利用されているという。それほどのラジオ大国だとは知らなかった。シナムたちは数十の放送局を立ち上げたことがあるそうだ。Facebookの投稿を見ると「すごい！」「どうやって使うの？」といったコメントが何十件も寄せられている。

日比野さんやシナムのようなプロフェッショナルが活動している地域ならば、「持ち運べるラジオ局」を実現できるかもしれない。よし、次の目的地はインドネシアだ。

［写真13］

仙台の防災会議で、バックパックラジオの試作を紹介。
そこで、シナムたちと初めて出会う。

インドネシアと日本の知恵

「この下に村が埋まっている」

２０１６年の新年早々、ぼくはシナムにこんなメールを送った。

「こんにちは。日本の国連防災会議でお会いした瀬戸です。私は〈持ち運べるラジオ局〉をあなたの国で実用化したいと思っています。アプリのエンジニアといっしょにインドネシア渡航を計画しているのですが、都合の良い日にあなたのオフィスを訪ねてもいいでしょうか？」

もちろん実際のメールは日本語ではなく、グーグル翻訳に頼った英語とインドネシア語を併記してある。

返事はびっくりするほど早く来た。

「あけましておめでとう。あなたたちがインドネシアに来てくれることをとても嬉しく思います。ちょうど日比野さんも2月にこちらにいます。インドネシアコミュニティ放送協会のオフィスで会いましょう」

ぼくがインドネシアに行くのは、これが初めてではない。そういえば前回の旅でも、災害にまつわる印象深い出来事があった。2010年のことだ。

日本語学校で特別授業をしたことがきっかけで、ぼくは生徒のひとり、ラフィックと仲良くなっていた。このカリキュラムが修了すると、彼らは静岡の自動車工場で働く。日本の会社の風習を教えたり、インドネシア風ラーメン「ミーソト」の屋台に連れて行ってもらったりしていたある日、ラフィックがこんなことを言い出した。

「砂のところに行こう」

「砂？」

「そう、砂。サンド」

日本語と英語で言われても何のことやら。直接確かめてみよう。彼のバイクの荷台に座って、出発。

ジョグジャカルタの街から1時間ほど走り、やがて山道になると、そこには、想像もできない異様な光景が待ち受けていた。

遠くの山からずっと川のように蛇行しながら、膨大な量の「砂」があたりを埋め尽くしている。まるで、灰色の絵の具をどっぷりとつけた巨人の筆が、森をのたうちまわったようだ。砂と森の境界では木々が立ち枯れている。砂場ではあちこちから蒸気が噴き出し、白煙が立ちこめる。数台の重機が砂を取り除くために動いていたが、何十キロと続くこの光景の前では、あまりにも無力に思えた。

呆然としていると、ラフィックの友人が現れ「この下に住んでいた村が埋まっているんだ」と言い出す[写真14]。気楽な観光気分はいっぺんに吹き飛び、いきなり被災地へと突き落とされた。そう、ぼくがジョグジャカルタを訪れたほんの3カ月前に、ムラピ山は大噴火を起こしていたのだ。

しかし、この被災地を見物しにやってくる観光客はぼくだけではなかった。よく見ると、周囲には「溶岩ツアー」と書かれたのぼりがはためき、お土産やスナック菓子を売っている屋台があちこちにある。

「ここで稼いで、家族で建て直したんだよ」と、はにかみつつ、その友人はコンクリートとレンガ製の家に案内してくれた。砂糖入りのジャスミン茶をご馳走になりながら、ぼくは彼らのたくましさにひたすら感心していた。

それから6年が経っている。きっと、今度もインドネシアの強さに出会えることだろう。

コミュニティラジオ訪問記

2016年2月は、FMわぃわぃ

［写真14］
火山灰で埋まってしまった自宅
（2011年2月19日撮影）

がインドネシアで実施していたコミュニティ防災支援事業の総まとめの時期でもあり、ぼくと宮本さんは運よく、ムラピ山各地のコミュニティラジオ訪問に同行させてもらえることになった。

車で何時間か山道を揺られていると、やがて集落が現れるとともに、ごく細い鉄骨を組み合わせた20メートルのアンテナタワーが見えてくる。その下にあるのがコミュニティラジオ局だ。リンタス・ムラピは農家の二階。MMC（ムラピ・メルバブ・コミュニティ）FMは庭先の小屋。K FMはイスラム学校の一室。どのスタジオも思わぬところにあった。放送局のビルがどーんと建っているわけではなく、町や村の片隅に溶け込んでいる。

スタジオの中をのぞくと、机の上にマイクとパソコン、そしてミキサー。機材の操作もDJがひとりでやっているようだ。マイクスタンドには携帯電話がぶら下がっていた。電話対談をそのまま放送できるようにしているようだ。

DJは携帯電話をもう1台持っていて、リスナーからのメッセージを見ながら選曲をする。パソコンの中をのぞくと「洋楽」「インドネシア音楽」「ジャワ音楽」などとフォルダ分けされていた。放送に使っているのは、フリーソフト〈ZaraRadio〉。これは、音声データの再生時間を確認したり、所定の時間にジングルを鳴らすのに便利なソフトとのこと。

棚には、山を背景に男女のイラストが描かれたCDが置かれていた。

「それは放送で使うラブロマンスだよ」

「ドラマCDってこと?」

「うん、噴火で離ればなれになってしまった恋人たちが苦難を乗り越えて、再会する物語なんだ。防災について堅苦しく話してばかりじゃ、誰にも聞いてもらえないからね」

宮本さんともども「へぇー」と感心する。物語の力で災害の記憶を伝える、みごとな工夫だ。


各放送局ではFMわぃわぃによるインタビューがおこなわれた。10人から20人の関係者が集まり、車座になって話を聞いていく。Tシャツ姿の若者と、ヒジャブを被った女性、そしてポロシャツを着たお歴々。

コミュニティによって運営状況はさまざまだが、「送信機が故障してしまった」「運営資金が乏しい」「停電がしょっちゅうあって放送が続けられない」「村内の別派閥に機材を取られてしまった」と、内情は苦労が多いようだ。

だから彼らは、ひとつのコミュニティだけで頭を悩ませるのではなく、お互いに助け合えるよう定期的な会合を設けて、Jalin Merapiの絆を築いていった。コミュニティに根ざした小さなラジオ局と、関係組織のネットワーク。こうした組織間のあり方はやがて「ムラピ山モデル」として、インドネシア国内に波及していくことになる。

そうそう、インドネシア各地のコミュニティラジオを訪れるのは、ちょっとした観光ツアーでもあった。リンタス・ムラピではコーヒー。MMC FMではタバコ。地元の名産を味わったり、むせたり。そしてどこを訪れても、甘いお菓子と甘いお茶が提供される。お茶は溶け残った砂糖が地層をつくっているほどだ。通訳の岡戸香里さんに「そのセットはどこに行っても必ず出るので、全部食べると太りますよ」と釘を刺された。インドネシアの村々を訪れる予定がある方は、注意してほしい。

実現の予兆

この旅で最も思い出深い場所となったのは、最後に訪れたゲマムラピFMだ。2010年の噴火で大きな被害を受けたクプハルジョ村にある。噴火直後に災害ラジオとして開局し、今は復興住宅が建ち並ぶ地区のコミュニティセンターにスタジオがある。到着した頃はもう日が落ちており、放送していない時間だった。そこでゲマムラピFM創設者のレイモンドから、こんな提案を受けた。

「君たちのアプリで放送してみてくれないか」

なんと、スタジオを使わせてくれるというのだ。日本のラジオ局では絶対に無理だろう。ありがたく試験放送させてもらうことにする。

ふだんの放送に使っているケーブルを外し、代わりに日本から持ってきたスマホをつなぐ。そして宮元さんはスタジオに残り、ぼくは夜道を少し歩いて、それから、ポケットラジオで周波数を107・3メガヘルツに合わせると……

「モバイル・FMラジオ・ステーション♪」というジングルとともに、宮本さんの声が聞こえてきた。ぼくたちのアイデアによる放送が、初めて公共の電波に流れたのだ！

ぼくも宮元さんも、ゲマムラピFMのスタッフもいっしょになって歓声を上げる。スタンドマイクもパソコンもミキサーも使わずに、小さなスマホからラジオ放送ができている。災害が起こったとき、必要最低限の機材を持って逃げて、逃げた先ですぐに放送を再開できる意義は、ぼくたち以上に彼らが理解していた。

大手メーカーでアプリ開発を手がける宮本さんは、〈レース・フォー・レジリエンス〉に参加した動機をこう語る。

「大きな会社でアプリをつくっていると、〈絶対にユーザーが使わない機能なのに、要件を満たすためだけにつくる〉ことがあるんですよ。そういうのじゃなくて、直接、誰かの役に立てることをしてみたかったんです」

クプハルジョ村の夜は、ぼくたちのアイデアがほんとうに役立つのだと、確信できた時間となった。

残った宝物（シサ・ハルタク）

後日、ぼくたちはゲマムラピFMの若手スタッフ、アンディといっしょに「ジープツアー」に参加した。あんなにも楽しく、爽快な「被災地観光」を、ぼくは知らない。

屋根も窓もない四輪ジープに乗って、岩場の斜面を次々と乗り越えていく。

この斜面は火砕流の起こった場所で、ジープはインドネシア軍が被災地救援に使った払い下げ品で、運転手は家を失った被災者だけれど、それでもこれは大人気の観光ツアーだ。すれ違うジープの数は1台や2台どころではない。みんな歓声を上げながらお互いに手を振る。

およそ2時間のツアーで、噴火時に飛来した巨岩や破壊された避難所、ムラピ山の眺望スポット、土砂の採掘地、そして「博物館」を見て回った［写真15］。

シサ・ハルタク（ジャワ語で「残った宝物」）と名づけられた博物館には、焼け死んだ家畜の骨格標本や黒焦げ

［写真15］

災害博物館にて。焼けた家畜や家財が保存されている

（2016年2月13日撮影）

の家電・家具、溶けたプラスチック雑貨、そして火山灰で埋め尽くされた部屋が展示されている。博物館じたい、かろうじて焼失を免れた家を再利用したものだ。この集落はアンディの故郷だった。今は居住が禁止されている。

楽しいツアーだが、楽しいだけでは終わらない。噴火によって何が起こるのか、頭で理解するだけでなく、生々しく体感することができる。

自宅を博物館として提供したスリアンドに聞くと、2016年の時点でジープツアーには年間10万人もの参加者が来るとのことだった。うち3割が外国人。これはもう立派な観光地だ。

「噴火で畑も家畜も失い、どうやって生活していくのか途方に暮れたことが、このツアーの発端なんだ。みんなで悩んでいると、バイクで街から〈観光客〉を連れてきて、小遣い稼ぎを始めたと誰かが言った。それなら、そのバイクツアーをもっと大々的にやればいいと閃いたのさ」

かつてぼくがラフィックに誘われたようなことが、あちこちで起こっていたらしい。クプハルジョ村の被災者グループが中古ジープを共同購入したのは、噴火が起こってからわずか5カ月後のことだった。それから6年が経過して、ジープの台数は120台となった。

インドネシアは「発展途上国」として、劣った国だという見方をする人がいるかもしれない。しかし、災害の事実をメロドラマ形式で伝えたり、コミュニティラジオ同士が助け合えるネットワークを築いたり、被災地を観光資源にしたりと、たくさんの知恵に触れる旅だったとぼく自身は思う。

ジープのカーラジオからは、ゲマムラピＦＭが流れていた。

バックパックラジオの誕生

インドネシア訪問の最終日、ぼくたちはインドネシアコミュニティ放送協会のオフィスを訪れ、「持ち運べるラジオ局」の今後の展開について話し合った。

スマホアプリだけで放送ができるわけではない。他の機材を揃えるには、仕様を固めることが必要だ。実際、どの程度の距離まで放送を届けるようにすべきなのだろうか？

それによって、ＦＭ送信機の出力や設置するアンテナの高さ、用意するケーブルの長さが変わってくる。

停電時に利用するとしても、いったいどれくらいの時間、放送するのか？　特定の時間だけニュースを放送するのか、それとも朝から夜まで音楽を中心に放送して、安らいでもらうのか。想定するシチュエーションによって、バッテリーの容量やソーラーパネルの大きさが決まる。

さらに、「運べる」といっても、それは自動車なのか、それとも手持ちで山道を行くのか。重さをどれくらいまで許容するのか。そのうえで、合計のコストをいかに抑えるか。広く使われるモノをつくろうとするなら、こうしたことに頭を悩ませなければならない。

議論の結果、放送範囲は、2〜3キロ想定でいくことになった。より広範な地域への放送が必要な場合でも、複数拠点に運び、中継することによってエリアをカバーできる。放送時間も、まずは緊急時に必要なニュースから。装置のサイズは、インドネシアで庶民の足として広く普及しているバイクの荷台に積載できる大きさで考えていく。

打ち合わせの終わりに、名前が話題となった。これまで装置一式のことを「モバイル・FMラジオ・ステーション」としていたけれど、これでは長いし、呼びづらいと言う。それもそうですね。

ではどんな名前がいいのか。シナムがさらっと「バックパックラジオ」でいこうと提案した。なるほど。それなら「背負って運べるラジオ」という意味が伝わりやすい。借り物のスーツケースラジオではなく、日本とインドネシアの力で、バックパックラジオを生み出していこう。

ラジオはなぜ声を飛ばせるのか

帰国後、バックパックラジオに必要な機材の調達が始まる。

エミリーが、ネット通販サイト「イーベイ」で小型サイズのFMトランスミッターを買えると教えてくれた。出力は15ワット。中国製で、観光地や大学のキャンパス、工場の敷地などでの放送を想定したものらしい。価格はおよそ1万円。これならバックパックラジオにぴったりだ。

アンテナはどうするか。当時、ぼくは横浜のシェアハウスに住んでいたのだけれど、たまたま同居人のひとりである藤村さんが、昔、アマチュア無線にのめり込んでいたことがわかった。プロジェクトの話をしたら、ありがたいことに「グランドプレーンアンテナ」のつくり方を教えてくれるという。構造が最もシンプルなアンテナだそうだ。近所のホームセンターに行き、針金やプラスチック容器、塩ビパイプ、同軸ケーブル、アンテナ接栓などを調達した。

まずは針金を1本、まっすぐに立てる。そしてその水平方向に別の針金を2本、十字に取り付ける。十字の針金は「ラジアル」といって、電波を正しく飛ばすために必要なものらしい。また、放送したい周波数によって、針金の長さを調節する必要がある。仮に100メガヘルツだとすると、長さは75センチ。ニッパーで切り落とし、半田付けをしていく。半田ごてを触るなんて、中学生の技術の授業以来だ。

できあがったアンテナはいかにも頼りなかった。針金をまっすぐ伸ばすことができず、ひん曲がってくたびれている。このアンテナからラジオの電波を放送することなんて、できるのだろうか?

ここでラジオの仕組みを、おおざっぱに説明しておこう。

まずは声の仕組みから。

人が「こんにちは」などと声を出すときは、喉にある声帯という膜が縮こまる。肺からの空気はその隙間をむりやり通らなければならないので、ブルブルと震えてしまう。この空気の震えが口や鼻から出て、波のように空中を伝わっていく。音の波だから音波という。

人の耳に届いた音波は鼓膜を揺らし、電気信号に変換されて神経を伝わり、最終的には脳が「ああ、挨拶されたな」と判断する。声が伝わるということは、振動の波が伝わるということだ。

では、ラジオの場合はどうか。アナウンサーが「お昼のニュースです」としゃべると、マイクがその声を拾って電気信号にする。この信号に音楽などを混ぜたものを、送信機が遠くまで飛ばしやすいように変調して、アンテナから電磁波として放射する。AMとFMは電磁波に変調する方法の違いだ。

電磁波は自然界にありふれているもので、目に見える「光」もその一種類だ。電気、磁気、電気、磁気、と代わりばんこに震えながら空中を飛ぶ波が電磁波である。空気の代わりに電気と磁気の振動を使って、より遠くまで音を届けるのがラジオというわけだ。ラジオ放送に使われる電磁波は「電波」と定義されている。

ラジオ受信機のダイヤルを特定の数字に合わせると、その周波数の電波をキャッチできるようになる。そしてアンテナが電波を電気信号に変換するのだが、遠くまでやってきた電波はだいぶ弱々しくなっているから、増幅してから音を鳴らさなければならない。そうしてやっと、スピーカーやイヤホンからお昼のニュースを聞けるようになる。

ちなみに、ラジオは音だけを電波にして飛ばしているが、他の情報を飛ばすことも可能だ。その技術はＴＶやインターネットに応用されている。もっとも、仕組みが複雑になるぶん電気もたくさん使うので、停電のときに長時間放送するには向かない。

さて、物理の法則に従って声や音楽を届けてくれるはずのアンテナは手づくりできた。しかし、電波法の規制がある以上、日本で実験できない。どうしたものか。

そんな折、東工大の田岡祐樹（ゆうき）君から「東ティモールに行って、途上国におけるものづくりの調査研究をしたい」という相談を受けた。文科省の支援制度を使えば渡航費や生活費が補助されて、大学だけでなく、企業やＮＧＯなどへの海外インターンシップもできるらしい。

ぼくは、受け入れ団体などを紹介する代わりに、田岡君にアンテナの実験をお願いした。実験場所は、東ティモール北部の農村、レテフォホ。高い建物はほとんどないので、電波の届き具合を確かめるにはちょうどいい。

田岡君がポケットラジオを持って村内を歩き回り、手づくりアンテナ放送の聴取範囲を確認したところ、１５７０メートル先まで電波が届くことがわかった。これはレテフォホ村の主要部をカバーできる距離だという。

これでバックパックラジオの放送ができるようになった！　と思いたいけれど、そう早合点するわけにはいかない。手づくりのアンテナは飛行機の中で折れてしまい、田岡君は現地で応急処置をせねばならなかった。

ラジオ放送に使うアンテナは、より遠くまで電波を飛ばすため、建物の屋上やタワーのてっぺんに設置する必要がある。緊急時の災害ラジオの放送期間は数週間程度とはいえ、もっと丈夫な構造にしなければ、雨や風によってかんたんに壊れてしまうだろう。

無線を扱う企業を訪問して相談してみたものの、「特許が取れそうにないし、協力は難しい」と断られてしまった。確かに、バックパックラジオと名づけたものの、スマホと送信機とアンテナをつなぐだけなら、難しい技術は必要ない。誰でもマネができる。ぼく個人としては、世界中でマネをしてくれて、好き勝手に防災力を高めてくれればそれでいいのだけれど、ビジネス視点で見るとそんなことに手は貸せない、という理屈はわかる。

さて、どうしようか。足踏みしていると、日比野さんから「〈ＢＨＮ〉に相談してみたら」というアドバイスを受けた。

世界で活躍する技術者集団

ウェブサイトを見ると、ＢＨＮテレコム支援協議会は、チェルノブイリ原発被災者に対して遠隔医療を提供するために、情報通信産業の関係者が集まって発足した組織らしい。企業勤めを終えた技術者や経営者がその腕前を活かして、テクノロジーによる国内外への支援をしている。国際ＮＧＯというと、フェアトレードによる生産者支援や、人権・衛生などの教育支援をする団体などが浮かぶけれど、技術支援をしている組織があるとは知らなかった。

ぼくは２０１６年7月7日の七夕に、上野はＮＴＴビルの最上階にあるオフィスを訪れた。応接室で、スマホと送信機、手づくりアンテナを並べる。

「こういうふうにつなげれば、すぐラジオ放送ができて、災害時に役立てるんじゃないかなと思ってるんですが」

「ほう、こんな小さな送信機が売ってるんだ」

「はい。中国製です。それでこっちが、アンテナです。その、プロにお見せするような出来じゃないんですが……」

「大丈夫、わかるよ。持ち運びやすいグランドプレーンをつくりたいわけだ」

バックパックラジオの意図を、言葉で説明するよりも早く、そして好意的に理解してもらうことができた。


２０１０年のハイチ地震や２０１１年の東日本大震災の際、ＢＨＮも被災地に向かい、災害ラジオ局や防災無線のようなシステムを立ち上げる支援をしていたそうだ。しかし、現地調査をして、必要な機材を調達し、スタジオを開局するという段取りを踏むと、どうしても時間がかかってしまう。もっと素早く被災者に情報を伝えるための仕組みづくりが必要だと考えていたところに、ぼくが飛び込んできたわけだ。

話はとんとん拍子に進み、家に「工房」を持つ富保淳一郎（とみやすじゅんいちろう）さんの手で、組み立て式のアンテナをつくってもらえることになった。これまでの苦労はどこへやら。プロの手にかかると、3日後にはもう完成していた。そのアンテナは、アルミの板と棒をネジ留めすることによってかんたんに組み立てることができ、分解すれば省スペースで持ち運ぶこともできる。

スマホアプリ、ＦＭ送信機、そしてアンテナ。バックパックラジオ放送に最低限必要な機材がこれで揃った。次は、これらの機材がほんとうに数週間の放送に耐えうるかどうか、現地でテストする番だ。日比野さんとシナムに相談し、ＭＭＣ ＦＭが試験放送の場所に選ばれた。

バックパックラジオ、試験放送開始

２０１６年10月、ぼくは再びインドネシアを訪れた。今回はひとりでの渡航だったが、インドネシアの友人であるギランに、英語通訳兼道案内役として同行してもらった。国際交流基金が主催する防災教育プログラムで知り合った仲だ。彼はミュージシャンでありつつ、ジョグジャカルタの防災機関で働いている。

ジョグジャカルタにある彼の家から、バイクで2時間ほどかけてサミラン村のＭＭＣＦＭに到着。シナムと握手を交わして、さっそく、富保さん製アンテナを組み立てる。慣れれば5分とかからない。組み立ての手順を覚えるため、スタッフたちがスマホで動画を撮っている［写真16］。

テスト放送用に竹竿を使いたいと頼むと、どこからともなく屋根の高さを超える長さ

［写真16］BHNテレコム支援協議会でつくったバックパックラジオをMMCに初めて設置する
（2016年10月10日撮影）

の竹が運ばれてきて、てきぱきとアンテナをくくりつけて、あっという間に設置が完了してしまった。手際の良さに感心したけれど、考えてみれば、彼らがラジオ放送を始めた当初もこんなふうだったのだろう。

アンテナを設置した次は、放送範囲の確認だ。お気に入り曲のひとつ、RHYMESTERの〈K.U.F.U.〉をリピート再生しながら、ポケットラジオをつけっぱなして、ギランのバイクに乗る。

バックパックラジオのデモンストレーションはもう何百回とやってきたけれど、その放送範囲はせいぜい手の届く距離だった。しかし今は違う。雄大な眺めの山道をぐんぐんと進んでも、とぎれることなくポケットラジオから軽快なラップが響いてくる。テンションが上がらずにはいられない。途中で雨が降ってきて、折りたたみ傘を開いたら向かい風で折れてしまって、二人で爆笑しながらびしょ濡れになって、それでも2キロ先まで放送が届くことを確かめた。

ＭＭＣ ＦＭが本来使っているＦＭ送信機は、最近の落雷で故障してしまったらしい。そこで、バックパックラジオの送信機とアンテナを使って放送を再開することになった。試験放送ではなく、いきなり本放送だ。

さっきのテンションはどこへやら、ぼくは心配になった。機材はＢＨＮの専門家に計測してもらい、異常がないことは確認していたが、送信機はほんとうに大丈夫なのだろうか？　数時間つけっぱなしにして、焼けついたりしないだろうか？　低出力とはいえ、日本のラジオ局が使う１００分の１の価格しかないものが、ほんとうに実用に足るだろうか？　思わず、スタジオに何度も出入りしてしまう。

選曲をしているＤＪはスタジオ内で平然とタバコを吸っている。何をそんなにソワソワしているんだ、と言いたげな顔だ。そして放送は14時から深夜0時まで、機材故障もなく無事に続いた。これで安心して眠れる、そのはずだった。

ムラピ山への同行をギランにお願いしたとき、彼は妙にウキウキした態度を取っていた。うだるような暑さの下界から逃げられることが嬉しいらしい。そういえば、ムラピ山は軽井沢のような避暑地でもあると聞いたことがある。実際、ここは涼しく快適だ。太陽が出ているならば。

その夜、気温は5度にまで下がった。寒い。

シナムの実家はジャワ島の伝統的な竹づくりの建物だ。風通しがいい。半袖のシャツに薄い毛布1枚ではとても耐えしのげそうにない。慌てて雨具を着込み、袋の中に足を突っ込む。見ると、ギランも似たような格好で震えている。結局、ほとんど眠ることはできなかった。

翌朝、熱いお茶で目を覚ましつつ、シナムやMMC FMの現代表であるムジアントとともに、今後について話し合う。必要なのは、ムラピ山の防災対策として、バックパックラジオが有効かどうかを確かめることだ。この地域の気象環境下で、どのくらい継続して放送しつづけることができるのか。あるいは、持ち運んで放送することによって、避難訓練などを実施することはできないか。

今後、他のコミュニティラジオ局にバックパックラジオを展開するときには、MMC FMの導入事例が参考となるだろう。存分に使い倒してくれることを頼みつつ、ぼくはムラピ山をあとにした。

熊本地震の体験から

「持ち運べるラジオ局」に関する物語の途中だが、ここで、熊本県益城(ましき)町役場に勤める田中康介(こうすけ)さんへのインタビューをお届けしたい。

益城町は、2016年4月に発生した熊本地震で最も大きな被害を受けた地域だ。当時、広報係を務めていた田中さんは災害ラジオ「ましきさいがいFM」を担当することになった。ぼくがインタビューしたのは2017年で、震災からまだ1年しか経っていない。仮設庁舎のなかで、田中さんから生々しい、そして貴重な体験談を聞くことができた。

被災者に必要な情報を届けられない

——田中さんは益城町役場に長くお勤めされているんですか？

いえ、地震のときはまだ働きはじめて2週間が経ったばかりでした。私は2015年度採用の転職組で、それまでは大学の栄養科学科で助手をしていたんです。

——最初の熊本地震は4月14日ですから、早々にとんでもないことになってしまいましたね。地震のときは、どんな状況でしたか？

あの日は広報誌をつくっていて、夜8時ごろに係長にあいさつして帰って、家でお風呂に入ってました。そしたら9時すぎにすごい地震が来たんです。マンションが折れるんじゃないかと思うくらい揺れました。

——自分ならパニックになると思います。

私もまったくどうしたらいいかわからず、とりあえず役場に向かいました。その後、避難所への送迎誘導とか、物資の配給などをした記憶がぼんやりあります。朝が来ていったん家に帰ったんですが、そのとき初めて、冷蔵庫が倒れて、中身が全部散らばっていることに気づきました。

――部屋がそんなことになってると気づかないくらいの衝撃だったんですね。

そうなんです。なんとか片づけて一眠りしたら、今度は2回目の地震が来ました。これが1回目よりもひどい揺れでした。2回目の地震で倒壊したお宅もありました。

役場も被害が大きく、建物として使えなくなりました。それでも地震が来る2〜3年前に耐震工事をしたばかりだったそうですから、工事していなかったら倒壊していたかもしれません。

――役場も被災するなかで、町の人々への情報発信はどのようにされていったのでしょうか？

地震によって、あちこちの上下水道が壊れたり、電線が断線したりしました。防災無線もダメージを受けてしまって、いくつかの地域では放送できなかったんです。いろんなところに散らばって住んでいる町ですから、その全員に必要な情報を届けることはできませんでした。

――日本の自治体は防災無線の整備率が8割を超えているそうですが、壊れてしまっては他でなんとかするしかないですね。

そこで私は毎日、避難所に張り紙をしに行ってました。インフラの復旧予定情報や「下水はまだ使えないので流さないでください」といったことを書いて知らせるためです。でも、避難所には張り紙が山のようにあって、すぐに埋もれてしまうんです。

――ぼくも東日本大震災のとき、避難所に支援物資を運ぶ手伝いをしましたが、言われてみれば、どこも張り紙だらけでした。

やっぱり、そうなるんでしょうね。なかには工夫している避難所もあって、「これが今日のニュースです」とわかりやすく掲示していましたが、どれが新しい情報かわからなくなっている避難所も多かったんです。

益城町の避難者数は4月17日がピークで1万6000人で、町民の約半分でしたから、職員もてんてこまいでした。

――そのときに発信する情報って、どこで、どのように集めるのでしょうか？

水道課や九州電力などから電話やFAXで情報が届くので、それをとりまとめていくんです。あとは町内のガソリンスタンドも被災していたので、可能なかぎり直接連絡を取って、「給油ができるか」「公用車のみの給油制限があるか」「給油制限はいつ解除されるか」といったことを聞いていきました。

たとえマイクが苦手でも

――災害後の混乱の中で、ましきさいがいFMが立ち上がっていった経緯を教えてください。

広報とか避難所運営の手伝いをしていて一週間ほど経ったころ、災害対策本部に呼ばれて、そこで「災害ラジオ」をやってくれと言われたんです。

——いきなりで、びっくりしたんじゃありません？

それはもう。放送なんて縁のない人生でしたから。ただ、災害直後って、ほんとうに刻一刻と状況が変わっていくんです。紙による広報だと、編集して印刷して配るという時間のロスがどうしてもあります。ラジオだったらタイムリーに情報を提供できますから、益城町でもそういう方法を持っておくのは良いなと思いました。

——放送するための機材は、どのように準備されたのでしょうか。

ラジオの機材に関しては、総務省が貸し出ししているそうなので、益城町から総務省九州総合通信局にお願いしました。2～3日したら、宅配便で機材が届きました。

——へえ！　宅配便で届けてくれるんですね。すごい。

大きなジュラルミンケースの中に送信機などがまとまって入っていて、ケースを開ければそこがもう操作盤になっています。アンテナは別途設置が必要なので、災害対策本部のあった「保険福祉センターはぴねす」の屋上に立てました。その下のスタジオで2017年の今も放送を続けています。工事費もふくめて、費用はぜんぶ総務省が持ってくれました。

——災害ラジオ、正式には「臨時災害放送局」については、益城町は以前から把握されていたのでしょうか？

いいえ、神戸市にある「人と防災未来センター」の方が益城町まで直接いらして、「日本には臨時災害放送局という制度があり、被災者への情報発信のために災害ラジオを開局できる」と教えてくれたそうです。

他にも、災害が起こったときにはどういう情報発信が必要なのか、国土交通省や神戸市、仙台市などから担当者さんが来て助言してくれていたと思います。

工事が終わり、サイマル放送などの放送許可を得て放送を始めたのは、2回目の地震から12日が過ぎた4月27日のことでした。

——田中さん以外には、どんなメンバーが関わっていらしたのですか？

ましきさいがいFMは私とボランティア4~5名でスタートしました。ボランティアは町外からもいらっしゃっていました。災害FMを立ち上げると聞いたフリーアナウンサーの方や、長崎でコミュニティラジオをやっている局長さんが駆けつけてくれて、さらにお知り合いにも声がけしてくださったんです。

その結果、音声編集ができる方や、熊本国体の際に県庁内の特設ラジオでパーソナリティをされてた方などが、ばっと集まってくれました。

――音声放送に腕のある方々が、日本各地にいらっしゃるものなんですね。田中さんは初めて喋ったとき、緊張しませんでした?

それはもう。マイクで喋るの、ほんとに苦手なんですよ。だから裏方をしようと、音声ファイルの録音と編集方法を覚えて、シフト管理や原稿づくりをしていたんです。でも、2週間くらいしたら「田中さんもしなさいよ」と言われて、仕方なく話すことになりました。当初は避難所の館内放送でも流れていたので、何千って人に必ず聞かれます。絶対イヤだったのですが、やっていくうちに慣れるものですね。もういまではふつうに喋っています。

――なんだか、その様子が目に浮かぶようです。放送って、一日中しているものなんですか？

当時は1日に4回、放送してました。9時、12時、15時、18時です。朝は8時半にボランティアの方に集まっていただいていました。そして9時の放送を録音して、9時半くらいから1時間ほどリピート放送します。そして12時になったら新しい情報を放送して、と、その繰り返しです。

――どんな内容を放送していたのですか？

最初は行政情報だけの放送で、インフラの復旧状況や、罹災証明といった行政手続きのやり方、泥棒が入ってくるので防犯に気をつけてください、といった内容です。A4原稿で5〜6枚くらい、時間にして20分ほどです。

支援物資については数が全員分あるわけではなく、逆に混乱を招くので放送はしませんでした。

――「行政情報」というのは、どのようにしてまとめるのでしょうか。

私はスタジオにつきっきりだったので、広報誌を担当していたもうひとりの職員が情報を集めていました。まず災害対策本部へ行って情報をもらい、それを取捨選択して、課長の決裁をもらって、それから原稿にしていくんです。

災害対策本部には、情報がいちばん集まります。ここから、とくに住民に周知すべき情報だけを流していました。というのも、確定していない情報は混乱を招くおそれがあるからです。

――「伝えるべき情報かどうか」を判断することが、大事なんですね。

消防団の皆さんが見回りをずっとしてくれていて、

「あそこの道路が陥没しとる」

「あそこが通れんようになってる」

という連絡をくれるのですが、それを聞いてすぐに放送するのではなく、役場の職員が確認して、じゃあ通行止めにしようとなってから災害ＦＭで流すようにしました。たくさんの情報のなかで、いちばん怖いなと思ったのはデマです。

――そういえば、地震発生直後に「熊本市の動物園からライオンが逃げた」なんてデマがTwitterで流れて大騒ぎになりました。

ほんとにいろんなデマが飛び交うんですよ。「友だちから聞いたけど、役場で今度こういう企画するんでしょ」と、根も葉もないことを言われたことが私も何度かありました。ですから、災害ラジオという、益城町から公式な情報を流す機関があることの意義は大きいと思っています。ここで流れていることは、町が認めているほんとうに正しい情報なんですから。

――ネットでも情報発信できる時代ですが、そのなかでラジオにはどんな意義があると思いますか？

もちろんラジオだけでなく、役場のホームページでも情報は提供していましたが、年齢層によって届く相手が変わると思います。ネットは若い人中心で、お年寄りは紙で読んだかラジオから聞いた情報が中心でしょう。

益城町は日本の地方自治体として格段に高齢化率が高いわけではありませんが、それでも3分の1が65歳以上です。ただ、ましきさいがいＦＭはお年寄りだけを意識していたわけではなく、独自のスマホアプリでも聴くことができました。

——えっ、スマホアプリもあるんですか。

スマートエンジニアリングという防災アプリの開発をしている会社が鹿児島から駆けつけてくださって、アプリ配信を提案してくれたんです。電波の届かない町外に避難されている方も、アプリならばラジオを聴くことができるので、すごく助かっています。

交流のなかで生まれた番組

——復旧から復興に移るなかで、放送する内容にも変化はあったのでしょうか?

地震から1カ月くらい経過すると、インフラの復旧情報から、社会的に生活を立て直す情報へと変わっていきました。さらに、もう1カ月経った7月からは、ちょっとずつイベントごとの情報を流すようになりました。

——町の人からの反響ってありました？

アプリにはコメント機能があるんですけど、どれくらいの人が聞いているんだろうと思ったときに、「放送継続の判断材料にするので、アンケートに答えてください」と送ったんです。苦情が来るかなとドキドキしていたんですが、

「やめないでください」

「昼間は仕事なので、行政情報を知る機会がなかなかない。延々と繰り返してもらっているので、すごい助かる」

「がんばってください」

「続けてください」

と60件くらいのメッセージが帰ってきて、「これはやらなくちゃ」とすごくモチベーションが上がりました。そのなかで、

「好きな曲のリクエストを受け付ける番組をつくってほしい」

というお便りがいくつかあったので、２０１６年9月から、お便りを読み上げてリクエスト曲を流す番組をつくりました。

――なんだか本格的なラジオ局になってきましたね。

今では行政情報のほかに、イベント情報を流す「伝言板」って番組や、益城町の民話を熊本弁で流す番組、あとはリクエスト放送の番組があります。パーソナリティのお喋りの前後に音楽を挟んで、フェードイン・フェードアウトをつけた1時間くらいの音声ファイルがひとつの番組です。このファイルをリピート放送に使います。

――方言で放送するのっていいですよね。他でもない、自分たちに向けて語りかけている感じがします。

民話放送は、ボランティアの方の発案です。その方は、もともと音訳ボランティアをされてました。視覚障害者向けに広報誌を音読し、CDに焼いて、それをお届けするというボランティアです。その方から「ましきの民話も面白いわよ。流したらいいんじゃない」と言われて、実際に聞いてみたら確かに面白かったんです。

物語に出てくる地名がぜんぶ聞いたことのある場所なので、すごく身近に感じました。番組でそういうのを聞いて、町外避難者の方も「また益城町に戻りたい」と思ってほしいですね。

——放送していくなかで、思い出深い出来事など、ありましたか？

5～6人で毎日やっていくのはさすがにキツかったので、すぐにボランティアを追加募集したんです。ラジオで告知したところ、

「ボランティアやりたいんですけど」

と電話をかけてくれたひとりが、チカちゃんという小学6年生の女の子でした。ましきさいがいFMのスタジオって、ドアを出たらすぐに避難所で、たくさんの人がひしめきあっていて、廊下で寝ている人もいて、けっこう殺伐とした場所なんです。でも、最初にチカちゃんが夕方の放送で話した日、私が夜に帰ろうとしたとき、

「今日の女の子は何歳ね？」

と何人かから声をかけられました。それがラジオに対する初めての生の反響でした。

——子どもの声って、そういう力があるんですね。

それまで避難所全体がぴりっとしてたんですけど、ちょっと空気が柔らかくなったんです。震災当初は学校も休みだったので、週に何回も来てくれました。チカちゃん自身も被災者で、お家も被害を受けてたみたいですけど、それでもがんばる姿に大人も勇気

づけられたんじゃないかと思います。将来はアナウンサーになるって言ってました。正直、最初は小学生に任せて大丈夫かなと思ったんですけど、漢字もちゃんと読めるし、しっかりした子でした。

――最初は、災害情報を発信するために開局した「ましきさいがいFM」ですが、それだけにとどまらないで、音楽のリクエストをしたり、方言が流れたり、子どもたちの声を聞いたりと、益城町のラジオならではの空気感が生まれているように思います。

ほんとにそうですね。ただ、私が悔しいなと思うのは、はじめから益城町のラジオ局として根づいていれば、もっといろんな人に活用していただけたのではないか、ということです。

――ましきさいがいFMの存在を知らせるところから始めなければならなかったわけですものね。

開局と同時に避難所へチラシを貼りに行ったのですが、災害時は皆さんすぐに行動されます。避難者数も最初は1万6千人でしたが、1週間後には半分になっていました。町外にどんどん避難されるんです。そうした方々にはラジオ放送を告知することができませんでした。

――地元のラジオ局があれば、「いざというときは、ここに周波数を合わせる」と思ってくれたかもしれない。

ましきさいがいFMは震災から12日後に立ち上がったので、いちばん混乱する時期に、道路の復旧情報などを流すことができませんでした。この間、町民の方たちは物資も届かないなか、自分たちで通れる場所を探して、手探りで買いに行くしかなかったんです。はじめから放送設備があれば、もっと早く、困ってる人々に対してちゃんと情報を届けることができたはずです。

あとは情報の流れる体制ですね。災害時だから、なかなか冷静ではいられないかもしれませんが、情報を整理する部署がまずあって、そのうえで、これはラジオとホームページで告知しよう、この情報は紙面に掲載しようと決めていく。そんな段取りを決めておけばよかったです。

――そういった当事者の方々の教訓を伝えていくことでしか、災害に対する準備や心構えって生まれないのかもしれません。

私は災害ＦＭを通じて、「発信する」ことと「情報の信頼性を確保する」ことの重要さを強く意識するようになりました。私たちの情報を信じて皆さん行動されるわけですから、情報公開の仕方というのが人の命を左右すると、身をもって知ることができました。

以上が、田中さんが語ってくれた内容だ。熊本地震という大混乱のなかで、正しい情報を伝えるために、そして心を癒やすために、益城町のためだけのメディアがどれだけ活躍したのか、感じ取っていただけたのではないだろうか。町の復旧・復興を助けた「ましきさいがいＦＭ」は、２０１９年まで放送を続けた。そして再建された町役場の新庁舎には、スタジオ室が設けられた。すぐに放送を再開できるように。

そして社会実装へ

本格展開に向けて

バックパックラジオの機材を使ったMMC FMでの放送が始まって3カ月が経った。サミラン村からの便りによると、毎日夕方5時から夜0時まで、畑仕事から帰宅して就寝するまでのあいだ、問題なく放送を続けることができているらしい。本来の緊急放送という用途を考えれば、十分な耐久力だ。

それだけではない。「こんな使い方もしているよ」と、Facebookで写真が送られてきた。そこには、防災教育のイベントで放送体験をしてもらったり、ジャワの伝統的な影絵芝居「ワヤン・クリ」の会場からラジオ中継している様子が映っている。持ち運べるというメリットを活かして、スタジオの外でも存分に使いこなせているようだ。

「持ち運べるラジオ局」というアイデアをずっと言いふらしてきたけれど、これでようやく本当に防災活動に役立てたと、感慨が湧く。さあ次は、これを拡げていく番だ。

ムラピ山の周辺にあるコミュニティラジオはMMC FMだけではない。噴火被害を軽減するための情報ネットワーク〈Jalin Merapi〉に所属している8局すべてがバックパックラジオを持てば、防災・減災力をさらに高めることができるだろう。

問題は、お金。

これまで、アプリ開発やアンテナの製造は無償のボランティアでやってもらい、FM送信機の購入やインドネシアへの渡航は自腹だった。そう言うと驚く人がいるかもしれないけれど、社会人としてのスキルを活かすことによって、普通の海外旅行とはまるで違う面白い体験ができていると思う。大人の部活のようなものだ。楽しくなかったら続けていない。

しかし、これ以上に規模を大きくしようとしたら、さすがに手弁当で済ませることはできない。バックパックラジオの機材を複数調達して、関係者を現地の会場に招待して、使い方を説明して提供するだけでもそれなりの予算が必要だ。インドネシアの放送局側で費用をまかなえるのなら良いけれど、年間予算１００万ルピア（約1万円）でやりくりしているようなところばかりだ。機材を購入してもらうだけでも難しい。

日本で資金調達をする前に、ひとつ選択する必要があった。これまでは、さまざまなスキルを持った人々に場面場面で協力してもらいながら進めてきたけれど、企業にスポンサーになってもらうなら、法人格があったほうが望ましい。さまざまな助成金制度も存在するが、たいていは法人でないと申請することもできない。新しくＮＰＯ法人を設立するか、それとも……。

〈モバイル・ＦＭラジオ・ステーション〉をいっしょにつくってきた仲間と話し合って決めたのは、「ＢＨＮテレコム支援協議会に所属し、そのなかで、バックパックラジオプロジェクトを推進する」という案だった。休日の活動の延長で、法人を運営するのは荷が重いし、素人集団でいるよりも、海外支援の経験が豊富な団体に加わったほうが、意義のあることができると思ったからだ。

こうした考えをＢＨＮに提案したところ、こころよく受け入れてくれた。プロジェクト単位でメンバーが加わるのはよくあることらしい。こうしてぼくは、ＢＨＮのプロジェクトオフィサーという肩書きになった。
さっそくＢＨＮの名刺を持って、さまざまな電機メーカーのＣＳＲ部門を訪問して歩く。活動の支援をしてくれないかという営業だ。しかし、会ってはもらえるけれど、そこから先には進まない。どこも「途上国市場の情報は欲しいが、お金は出せない」といった案配だ。

何度もがっかりしたあとに応えてくれたのは、複合機やカメラで有名なリコーだった。リコーグループには、社員が任意で給料やボーナスの〈端数〉を寄付する制度がある。集まった資金は社内組織での審議を経て、社会貢献活動に役立てられる。そんなリコーが、２０１７年の支援先としてＢＨＮを選んでくれたのだ。これで、資金を半分ほど確保できた。

助成金の申請や寄付営業に加えて、クラウドファンディングもおこなった。これはインターネット上で資金調達する方法であり、イベントの開催や新製品開発をするために広く利用されている。クラウドファンディングにはさまざまなウェブサービスがあるが、ぼくたちは社会貢献活動に強いと思われるＲＥＡＤＹＦＯＲを利用した。

「恐ろしい災害が起こって電気やインターネットが使えなくなっても、ラジオ放送によって暮らしを助けたい」という思いが伝わるように専用ページをつくり、これまで出会った人々に、ひとりずつ支援をお願いしていく。

クラウドファンディングの募集が締め切られたのは、2018年1月31日。MMCFMでの試験放送から1年以上もかかってしまったけれど、こうやって、なんとかプロジェクトに必要な資金を集めることができたのだった。

テクノロジーを上手に渡すには？

資金調達の目処が立った2017年末、ぼくはBHNの一員として、エンジニアの志村直茂（しむらなおしげ）さんとともにインドネシアへ向かった。今回は、バックパックラジオ導入のための調査渡航だ。現地の技術レベルを見聞きして、どのような「テクノロジーの渡し方」が良いのか、検討する旅である。

もともと通信建設会社に勤めていた志村さんは、かつて中東や東南アジアで、携帯電話の基地局の設計・工事・調整・引き渡しまでを担当していた。BHNに所属してからは、アフガニスタンにおける医療無線の工事指導や、ハイチ地震で被災したコミュニティ放送局の修復などに携わっている。国際コミュニケーションに長けたエンジニアという、とても貴重な存在だ。ちなみに、スカイダイビングのギネス記録を持っているスゴ腕のジャンパーでもある。

調査渡航の大事さについては、志村さんからこう教わった。

「国や地域によっては〈電気ってなんなの？　なぜ水に濡らしちゃだめなの？〉ってところからやりとりしなきゃいけないから。どんな伝え方がいいのかを考えるためには、現地で実際に見聞きすることが大事なんです」

インドネシアではどんな部品が手に入るのか。それを人々はどれくらい扱えるのか。それを知るために、ぼくたちはまずコミュニティラジオを3カ所訪問した。日中の農作業から日没後の家族団らんまでを意識した放送スケジュールや、地域の伝統芸能や専門家を活かした番組づくりなどを聞くと、「他国と比べて運営がしっかりしていますね」と志村さんは感心していた。

設備についてヒアリングすると、どこも送信機のたびかさなる故障に悩んでいる。主な原因は落雷だ。

「雷対策のアースはかんたんに施工できるようなものじゃないですから、まずは空が光ったらアンテナケーブルを送信機から外して、放送を中止しましょう。それから、スタジオに埃が積もっていますけど、電子機器を傷めてしまう原因になります。故障を避けるためにも、定期的に掃除をしてください」

どの放送局も、志村さんのアドバイスを熱心に聞いていた。

機材を修理できるような放送技術者は農村にはおらず、故障した場合は、近隣の街から来てもらっているそうだ。インドネシアでは中小企業または個人事業者としての技術者があちこちにいるようで、放送用アンテナや鉄塔、送信機を手づくりしたり、放送局の点検・修理をして生計を立てているらしい。

放送局の訪問を終えたあとは、ジョグジャカルタの電気材料店をハシゴした。バックパックラジオを組み立てるにあたって、どこまでインドネシアで部品を調達できるか調べるためだ。日本で完品をつくって渡すだけでは、壊れたとき、もう使い物にならない。しかし、現地で調達可能な部品を集め、つくり方から指南すれば、自分たちで修理してまた使うことができる。

昔の秋葉原のような店舗を何軒もまわった結果、ジョグジャカルタでは、アンテナケーブルからコネクタ、ソーラーパネルまで、かなり細かい部品を入手できることが判明した［写真17］。また、ラジオ機器の製造販売をしているメーカーにも会うことができた。小型送信機の製造経験もあるという。

それなら話が早い。その場で15ワット送信機の製作を依頼する。金額は1台80万ルピア（約8000円）。このインドネシア製送信機が使えれば、中国から輸入することもなく、インドネシア国内だけで機材をすべて揃えることができる。今後のメンテナンスには最も都合がよい。

調査を終えた最終日、FMわぃわぃとインドネシアコミュニティ放送協会とともに、バックパックラジオの導入ワークショップに向けた打ち合わせをおこない、何度目かのインドネシア訪問を終えた。次に来るときが、いよいよ本番だ。

ほろ苦い受賞

この2017年は、インドネシアからびっくりするようなニュースが飛び込んできた

［写真17］
ジョグジャカルタで調達できる部品を調べる
（2017年11月11日撮影）

年でもあった。国連の主催する世界情報社会サミット賞*において、バックパックラジオが「チャンピオン」を受賞したというのだ。国際電気通信連合（ＩＴＵ）事務総局長の趙厚麟（ジャオ・ホウリン）から直接表彰される快挙である。

世界情報社会サミット賞にエントリーしたのは、当時オランダに留学していたインドネシアコミュニティ放送協会のメンバー、イマム・アブドゥルラフマン。村上春樹が好きで自分でも小説を書いている。そんなイマムがアイントホーフェンの研究所に通って、バックパックラジオのプレゼンテーションに取り組んだ。

イマム版のバックパックラジオは、折りたたみ式のアンテナが付属した防水・防火布製のリュックの中に、バッテリーと送信機を内蔵している。ポケットにはスマホとマイク。背負って運べるラジオ局として、ひと目で機能がわかる。こうした提案がＩＴＵに高く評価された。

しかしイマムは苦笑する。授賞式のあとのコーヒータイムは、こんな空気だったそうだ。

「みんな〈おめでとう〉とは言ってくれるけれど、ラジオがどうしてそんなに重要なのか、理解できてないみたいだったよ。たぶん、ヨーロッパやアメリカの街で暮らす人は、

＊ WSIS PRIZES 2017:
World Summit on the Information Society Prizes 2017

自分たちは自然災害に対して安全だと考えているんだと思う。インドネシアや日本みたいに、毎日のようにどこかで災害が起こっている国とは明らかに関心が違うんだ。〈ワオ！　素晴らしいアイデアだね！　まあ、ぼくらには無関係のテクノロジーだけどさ〉」

ワークショップ（座学編）

バックパックラジオの本格導入は2018年3月、ディザスター・オアシスで始まった。ムラピ山の中腹にあるこの研修施設は、水害対策のために高床式になっていたり、火事を防ぐために濠に囲まれていたりと、敷地の建物が防災モデルハウスになっている。ワークショップ会場の入り口に、「災害リスク低減のためのバックパックラジオ技術ワークショップ」とジャワ語で書かれた横断幕を掲げ、その横にアンテナを立てた。富保さん指導のもと、アルミ板を切り、アルミ棒に穴を開け、手づくりしたアンテナだ。

研修期間は3日間。BHNと防災の国際コンソーシアム、ラダルタングが共同主催する。受講者は全部で33名で、〈Lintas Merapi〉〈MMC FM〉〈K FM〉〈Geminastiti FM〉〈GEMA MERAPI〉〈Gema FM〉〈Merapi FM〉といったコミュニティ放送局のスタッフが勢揃いした。合計すると約3万人をカバーするラジオ局たちだ。さらに、ボヨラリ県防災部の職員も参加してくれた。

1日目は座学中心のプログラムだ。災害時におけるコミュニティラジオの意義やバックパックラジオの利用事例、技術的な仕組みについて改めて学んでいく。

日比野さんやイマムが阪神・淡路大震災、東日本大震災、スマトラ沖地震における災害ラジオの経験を改めて語り、緊急時に正しい情報を届けるために、日頃から自治体や地域社会と良い関係を築いていくことの重要さを伝えた。

MMC FMの代表ムジアントは、ボヨラリ県の防災部と合同で実施した避難訓練について報告した。バックパックラジオを使った訓練放送もおこなわれている。ボヨラリ県では、災害ラジオによる情報発信が県の定める「噴火災害緊急時対応計画」に組み込まれているそうだ。ムジアントは災害時にバックパックラジオは有効だと紹介しつつ、「でも音質はイマイチだからアンプも別途用意しよう」と、放送者としてのこだわりを見せていた。

BHNの志村さんがレクチャーするのは、バックパックラジオによる放送のノウハウだ。「ラジオ放送をする場合は、葉の大きいヤシの木などに遮られることのない、できるだけ高い場所にアンテナを設置してください。最低でも10メートルは欲しいです。ソーラーパネルは日当たりの良い場所に置いてください。えーと、ここは南半球だから北向きがいいですね。子どもが走り回ってぶつからないように注意しましょう」

事前に調査した現地の技術レベルをもとに、わかりやすく伝えていく。あとで志村さんが、レクチャーの秘訣を教えてくれた。

「現地の事情に合わせずに、自分の経験を押しつけるだけでは、信頼を得られない」

参加者から「もっと大きな電波では出力できないのですか？」と質問があった。バックパックラジオで使う送信機は15ワットだが、インドネシアのコミュニティ放送局ではもっと大きな出力の送信機を使っている。出力が強いほうがいいのではないか。

確かに50ワットの送信機を使えば、もっと遠くまで放送可能だ。しかし、それだけ電気も食ってしまう。

「毎日4時間放送して、晴れない日が4日続くとすると、必要なバッテリーの重さは30キロ以上になってしまいますね」

志村さんはホワイトボードにかんたんに計算してみせた。そんなに重くては、せっかくのバックパックラジオが持ち運べなくなってしまう。一同、笑いながら納得。

ワークショップ（組み立て編）

ワークショップの2日目は、いよいよバックパックラジオの組み立てだ。

必要な部品のほとんどは、インドネシアコミュニティ放送協会のスタッフが街を探し回って集めてくれている。

残念ながらインドネシア製のＦＭ送信機は使うことができなかった。ＢＨＮの機材で測定したところ、15ワットの出力中、実際の放送周波数がわずか3ワットほどしか出ていなかったのだ。不要な雑電波が多すぎる。これを使ってしまうと、まわりの携帯基地局や無線局などを妨害するおそれがある。メーカーに結果をフィードバックするにとどめて、本番用には別途中国から小型ＦＭ送信機を調達した。

ところが、この中国製の送信機にも一波乱あった。インドネシアに持ち込む途中、スカルノ・ハッタ国際空港での乗り継ぎで税関に差し止められてしまったのだ。

「こんな怪しい機材を持ち込んではいけません」と迫る職員に、書類を見せて説明して、なんとか納得してもらったが、ＯＫが出たときには、もうその日の最終便が飛び立ってしまっていた。おかげで、空港内のスターバックスの座席で一夜を明かす羽目になった。

そうした苦労を重ねて集めた機材を並べ、志村さんと、ボランティア参加してくれた無線技士の岩井仲一（ちゅういち）さんが指導するなか、組み立てが始まった。主な作業は電源まわりだ。ソーラーパネルから給電するためのコントローラーを接続し、停電時での利用も想定したＬＥＤライトも取り付ける。ケーブルをよじり、穴を開け、ネジを回す。ヒジャブを着た女性スタッフも真剣に、でも楽しそうに参加している［写真18、次頁］。

アンテナを組み立てていると、復興村の若きリーダーであるソンドン・ハルタントが「タケコプターー！」とおどけてみせた。アンテナを頭に乗せ、ぐるぐると回している。ドラえもんはインドネシアでも人気のアニメだ。みんなが大笑いしながらスマホで写真を撮る。ちなみにソンドンは体型もドラえもんに似ている。

やがてお昼になると大雨が降りだし、食事休憩に入った。研修期間中のランチはバイキング形式だ。野菜スープにライス、ピーマンの炒め物、アヤムゴレン（鶏肉の唐揚げ）、バクソー（肉団子）、カレー、メロンやみかんなどを好きなだけ頬張る。

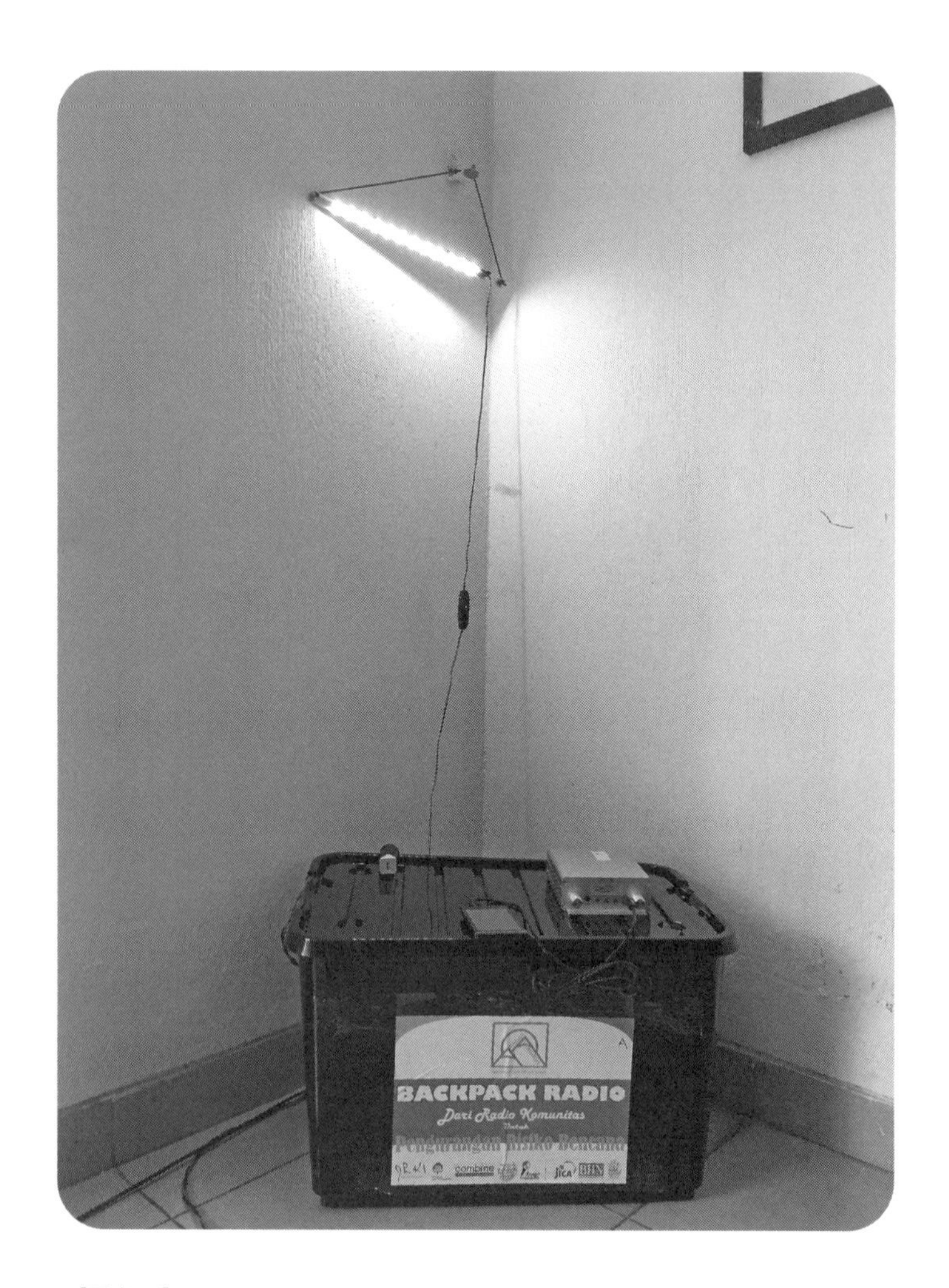

［写真18］

上：インドネシア版バックパックラジオ。照明と携帯充電機能付き（2018年3月5日）

左頁・上：バックパックラジオ組み立てワークショップ。ヒジャブを着た女性も、真剣かつ楽しそうに作業していた（2018年3月6日）

左頁・下：バックパックラジオ組み立てワークショップ。みんな集中して、作業に没頭していた（2018年3月6日）

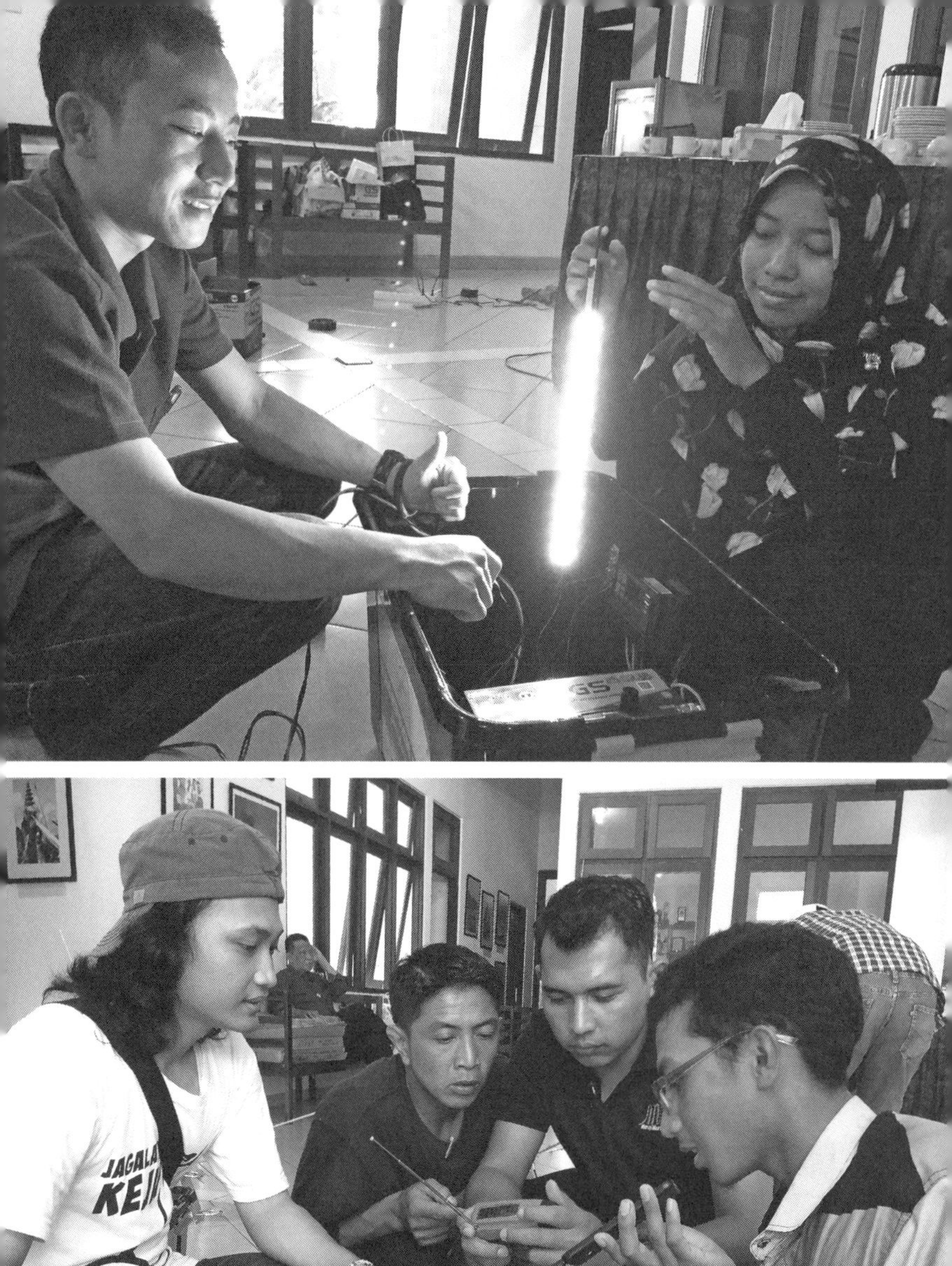

午後は組み立てたバックパックラジオの「健康診断」をおこなう。電波を発する際に、機材に不具合があると反射波が大量に発生し、届く距離が短くなるだけでなく、送信機を壊してしまうおそれも出てくる。ただのケーブルといえど日本で売られている製品とは違って、中が断線していたり、ショートしていたり、別の金属が混ぜられていたりと、品質のばらつきがあるので注意が必要だ。ＳＷＲメーターという測定器を使って、正常に電波が出ていることを確認する。

そしていよいよテスト放送だ。事前にアプリをインストールしておいたスマホに向かって話しかけると、ラジオ受信機からその声が聞こえてきた。ここで歓声が上がるのは、いつでも、どの国でも変わらない。すべてのラジオ局がバックパックラジオを無事に完成させた。

このときのバックパックラジオは、インドネシアの社会環境をふまえて、リュックサックではなく、大きめのプラスチックケースに収納する方式を選んだ。これをバイクの荷台に載せて運ぶ。すべての機材をケースに収納して、２日目は終了した。

ワークショップの最終日は「コミュニティラジオ局を強化する」というテーマだった。

日本の臨時災害放送局の仕組みをインドネシアでも法制度化していくための勉強会や、バックパックラジオ活用のディスカッションがおこなわれた。

ＭＭＣ ＦＭは、すでにバックパックラジオを「避難訓練」や「伝統舞踊の中継」などに用いている。他にも、「結婚式の出張放送」や「伝統楽器ガムランの演奏放送」などに使えるのでは、というさまざまな意見が出た。目的は災害対策だけれど、このように普段使いすることはとても大切だ。どこかに置きっぱなしで埃を被ってしまっては、いざというときに使えなくなる。

最後に、覚書を交わし、寄付者の名前リストを各送信機に貼り付け、記念撮影をして3日間のワークショップは終了した［写真19、次頁］。参加者に書いてもらったアンケートから、いくつか感想を抜粋しよう。

「これまでは装置の電源をオン／オフすることしか知らなかったが、とても重要な技術を学べた」

「小さなネジでも、おろそかにしないようにすること。いっぺんに色々やろうとすると、ぐちゃぐちゃになってしまうから、段取りを決めて取り組むこと。ＢＨＮの志村さんの口癖〈ステップ・バイ・ステップ〉から多くのことを教わった」

［写真19］
バックパックラジオの組み立てを終えて、
参加者全員で記念撮影
（2018年3月6日）

「バックパックラジオはとても小さくて軽く、移動しやすい。どこでも移動でき、非常時でもすぐ放送できる。災害放送は初動が大事だから、これを使えば災害時の情報ロスを減らすことができる」

ラジオの放送技術に特化した研修は、コミュニティ放送局のメンバーにとって、新鮮で、興味深いものだったようだ。

また、ボヨラリ県防災部のヨヨウさんは、参加した感想を次のように語る。

「私は1998年からトランシーバーを使った防災ネットワークづくりに取り組んできました。県全域をカバーするラジオ局を県庁につくれないかと考えたこともあります。しかし、そのときは機材が高価で見送りました。バックパックラジオのことを最初に聞いたときはとても驚きましたが、今回のワークショップを通じて、非常時にすぐさま活躍できるメディアだとわかりました。それだけでなく、防災教育や学習ツールとしても役立つと思います」

昼食後、参加者たちはバイクの荷台に大型のケースを載せて、笑顔で帰っていった。

ワークショップが無事に終了してぼくはホッとしたが、災害はいつも突然やってくる。バックパックラジオは、このわずか1カ月後に実戦投入されることになった。

バンジャルヌガラ地震

2018年4月18日、午後1時28分。インドネシア中部ジャワ州バンジャルヌガラ県を震源とするマグニチュード4・4の内陸地震が発生した。これにより民家316棟が損壊、少なくとも2人が死亡、21人が負傷、2104人が避難する事態となった。

南北をセラユ山脈に挟まれたバンジャルヌガラは、もともと大規模な地滑りが多発する地域だ。2014年には、地滑りによる土石流で200人が村ごと亡くなっている。そのため、ムラピ山の周辺地域と同じように災害への関心は高く、インドネシアコミュニティ放送局のシナムや、コンバインのイマムは、たびたびこの地を訪れ、防災支援をしてきたという。そうして築きあげられた、行政とボランティアや外部組織が連携する防災のネットワークが、今回の地震でも活かされた。

ソーシャルアクティビストのアリヤントが、地方防災局の知人から地震の詳細を聞いたのは発災から数日経った頃だった。彼は被災地の写真をインドネシアコミュニティ放送局に転送し、この惨状を伝えるため自分は現地に向かうと言う。そこでシナムたちは、バックパックラジオによる災害ラジオの立ち上げをアリヤントに依頼した。バンジャルヌガラには3つのコミュニティ放送局があるが、今回の被災地には電波が届かないのだ。

4月30日の朝、アリヤントはインドネシアコミュニティ放送局のオフィスにやってきた。組み立て方を聞くと、思ったよりずっとかんたんだ。

「なあんだ、ケーブルをつなぐだけじゃないか」

その日の午後、彼はバイクの荷台にバックパックラジオを載せて出発した［写真20］。行き先

［写真20］
被災地にバックパックラジオを運ぶボランティア
（2018年4月30日）

はバンジャルヌガラ県北部の山岳地帯、カリベニン。

夜、アリヤントが地方防災局のオフィスに到着すると、そこにはシナムから災害ラジオの講習を受けた経験のあるボランティアが待っていた。

個人と組織をゆるやかに中継する「インドネシア流リレー」によって、発災から2週間後、バックパックラジオによる災害ラジオが開局した。あわせてFacebookやTwitterでアナウンサーやミュージシャンのボランティアが呼びかけられ、また、被災者のためにラジオ受信機の寄付受付が始まった。

バックパックラジオはこのあと一カ月間、最初はソーラーパネルによって、電気の復旧後は商用電源によって、被災者に対し、立ち直るための情報と音楽を届けつづけた［写真21］。

バリ島アグン山噴火

インドネシア国家防災庁の防災戦略担当次官、バーナーダス・ウィスヌ・ウィジャジ

［写真21］

バンジャルヌガラの被災地で、

バックパックラジオによる放送がおこなわれた

（2018年10月1日）

ャが、インドネシアコミュニティ放送協会にバリ島での活動を要望したのは、２０１８年の夏のことだった。

バリ島の北東部に位置する標高３０１４メートルのアグン山も、ムラピ山と並んでひんぱんに噴火する火山だ。２０１８年６月から７月にかけての噴火では、半径２キロの地域を溶岩流が襲い、降り積もる火山灰によって空港が閉鎖。３万人の観光客が足止めされた。

バリ島出身であるウィスヌは、コミュニティラジオの防災面での役割を深く理解しており、アグン山の周辺地域にもその力が必要だと考えたのだ。緊急時の災害ラジオとは少々性質が異なるが、インドネシアコミュニティ放送協会のスタッフによって、アグン山の南北に、バックパックラジオを使った二つの放送局が設立された。

その後も放送が続いていると聞いて、２０１９年夏、ぼくはバリ島に向かった。ングラ・ライ空港からレンタカーで半日。アグン山南部のデュダティムール村には、バリ島の防災ネットワーク「パセバヤ」のオフィスがある。バリ島の伝統建築である石造りの門をくぐると、敷地内にはいかにも災害対策本部といったテントが張られている。その中に放送機材が置かれていた。

パセバヤは、アグン山の周辺にある30の村が連携している組織だ。オレンジ色のユニフォームを着たスタッフが誇らしげに活動を紹介してくれたが、トランシーバーを使って火山の状況を素早く伝えるのが主で、どうもラジオ放送には積極的ではないようだ。バックパックラジオのアンテナは5メートルほどのポールの上に設置されていたが、FM送信機は棚の中にしまい込まれていた。

一応、パセバヤの一員である学校の先生が、週に一回、朝6時に、アグン山の状況とヒンドゥーのお経、説話などを放送しているらしい。しかし、スタッフのスダンナは「無線機に比べると、ラジオはぜんぜん遠くまで放送できないんだ」と、肩をすくめていた。

ラジオ放送は一般の人向けであって、無線機同士の交信とは役割が違うと思うのだけれど、トランシーバーを普段使いしていると物足りなく思ってしまうかもしれない。この調子だと、放送を聞いている人は少ないだろう。

少しがっかりしつつ、次の設置箇所へ向かった。

アグン山の反対側まで来る観光客は、ほとんどいないようだ。無人のビーチを脇目に海岸沿いをひた走る。陸側に見えるのはキャッサバやトウモロコシの畑。雄大にそびえる山によって湿気が遮られるために、このあたりは雨があまり降らない。そのため稲作をすることができず、場所によっては飲料水の確保もままならないらしい。バリ島で最も貧しいエリアのひとつだ。

道路の舗装が途切れがちになったころ、バン村に到着した。およそ2000世帯が住むこの村は火口から半径6キロ以内にあり、家屋の数百棟が噴火によって被害を受けたという。「噴火による降灰や土石流の危険のある村」に指定されており、村役場の入り口には、火砕流が流れた地域とシェルターを示す地図が貼られていた。

役場に勤めるラジオ放送担当のターザンに挨拶すると、なんだかずいぶんと嬉しそうに案内してくれる。庁舎1階奥の狭い部屋をスタジオとして利用しているようだ。

そこには、木製のテーブルの上にFM送信機とマイク、そして7チャンネルミキサーが置かれていた。なんでも、村の予算でミキサーを別途購入したらしい。ターザンは「やっぱりYAMAHA製が一番だよ」と胸を張る。遠くから来た日本人へのお世辞かもしれないが、インドネシアのオーディオ機器に対する熱の入れようは半端ではない。日本でいう里神楽のような村単位の芸能イベントでも、スピーカーをあちこちに設置し、音響担当が巨大なアナログミキサーを操作する。

バックパックラジオとして貸与された機材だけでなく、自分たちで費用を捻出して追加購入しているあたり、ラジオ放送には熱心なのだろう。聞けば、村長のワヤン・ポタグが毎日出演しているそうだ。放送は毎日、朝・昼・夕方3回おこない、山のモニタリング情報や、役場からのニュース、バリの音楽などを流している。放送スタッフは5名。「ポタグ村長は、これを単なる災害ラジオではなく〈村をよりよく成長させるためのメディア〉だと考えているんだ。まだラジオ受信機を持っていない村人もいるから、人が集まるワルン（食堂）に設置していくつもりだよ」

そうターザンは語ってくれた。

バン村の事例は、バックパックラジオが災害時のみならず、平時にも役立つことを示してくれた。つまり、安価なラジオ局開局セットとしての役割だ。非電化地域でも放送が可能で、機材を揃えるのに最低限必要な費用は、インドネシアの大卒初任給およそ1カ月分。公的な組織ならば、すぐに用意できる金額だろう。

その後、バン村におけるラジオ放送は「コミュニティ防災活動の優れた取り組み」としてインドネシア政府に評価された。火山のモニタリング放送という当初の目的を超えて、正式なコミュニティラジオとして成長している。

東京大学で開催された〈レース・フォー・レジリエンス〉から5年。アイデアを少しずつかたちにしていき、ここまでたどり着くことができた。「東日本大震災の教訓を世界に活かす」という目的を、小さくとも叶えることができたと思う。

災害ラジオの未来

小さなラジオの小史

インドネシアと日本における災害ラジオのこれからを語る前に、小さなラジオの歴史を少し振り返っておきたい。

いとうせいこうの小説『想像ラジオ』は、東日本大震災で亡くなった人々の声がラジオ放送として生者の世界に響く物語を描き、話題となった。実は、「喪(うしな)った人の声を聞きたい」という思いは、ラジオ開発の原点でもある。

19世紀後半に電波通信を開拓した物理学者オリバー・ロッジは、心霊現象、特にテレパシーの熱心な研究家でもあった。戦死した息子のいる世界となんとか交信しようと願い、電波の研究に勤しんだのだ。彼の研究は、現代に通じるあらゆる無線システムの基礎となっている。ラジオは生まれたときから、等身大の人間の思いが発揮されていた。

20世紀初頭になると、商用無線は大企業や軍隊によって、特定の相手との業務連絡に用いられるようになる。不特定多数に向けた無線放送などまだ誰も思いつかなかった時代。今につらなるラジオ放送は、個人の手によって生まれた。

１９０６年、カナダ人のレジナルド・フェッセンデンが、大西洋の船舶に向けて自分のバイオリン演奏を勝手に放送した。もっとも、たいした腕前ではなかったそうだ。

さらに１９０９年、アメリカ人のリー・ド・フォレストが、義母のハリオットによる女性参政権支持のスピーチを、電波を使って流した。

どちらもリスナーはほとんどいなかっただろうが、こうした個人的な試みこそが、世界初の音楽放送であり、トーク番組だったのだ。

第二次世界大戦が終わると、アメリカの連邦通信委員会が新聞社によるメディアの独占化を問題視し、ラジオを自由化して新規参入を促す。その結果、もうとっくにテレビの時代になっていたにもかかわらず、ラジオ局の数は倍増した。小さなローカル局の放送はブロードキャストではなく、「ナローキャスト」と呼ばれた。

アメリカで新たに開局した1000を超えるラジオ局のなかには、南部の都市メンフィスで生まれたWDIAがあった。「メンフィスの心と魂」をスローガンに始まったそのナローキャストは、黒人コミュニティのためだけの番組をアメリカで初めて放送した。

しかし、たとえ黒人に向けた放送であっても、電波は分け隔てなく放射される。それまで封じられ、隔離されていた黒人音楽が白人リスナーのもとに届くようになった。それはジャズでもバラードでもない音楽。リズム・アンド・ブルース(R&B)を白人の若者は夢中で聞いた。

やがて、白人のDJが白人向けにR&Bのレコードをかけて、それをロックンロールと紹介するようになった。

同じ頃、ラテンアメリカでは先住民たちが権利回復の戦いのためにラジオを使いはじめていた。もともと宣教師がスペイン語教育のために使っていたラジオを、鉱山労働者や農民が団結のツールとして活用したのだ。1947年にボリビアで過酷な労働を強いられた先住民の鉱夫たちによるラジオ放送が、今のコミュニティラジオの直接の祖先とされている。

60年代から70年代にかけては、ヨーロッパで「自由ラジオ」と呼ばれる小さなラジオ局の放送が拡がっていく。著名なフランスの哲学者であるフェリックス・ガタリがポール・ヴィリリオと開局したラジオ・キャトルバンも自由ラジオのひとつだ。彼らは国営放送に対抗して、告訴されるほどにアナーキーな声を上げていた。

そして時代が下るにつれ、行政の規制緩和とともに小さなラジオ局は合法化されていった。ミニFMの盛り上がりと、地方の情報格差を解消する観点から、日本でも1992年にコミュニティ放送局が制度化された。2001年にUNESCOが発刊した『コミュニティ・ラジオ・ハンドブック』は、「国家事業でもなく、商売でもなく、コミュニティがコミュニティのために運営する」ものがコミュニティラジオであると説明している。

今この瞬間も、人々の思いを託された小さなラジオ局たちは、世界のあちこちで放送を続けている。

ラジオ局がコーヒー店を始めたわけ

その後、スキマンはコミュニティラジオの運営に加えて、コーヒーの製造販売を始めた。リンタス・ムラピの1階はカフェに改装され、「コピ・ペトル」*と命名され、ムラピ産コーヒーを飲める場所になった［写真22］。焙煎した豆やコーヒー粉もパッケージ販売されている。

こうしたコーヒー事業は、リンタス・ムラピにとっては資金を調達するための新たな手段だ。得た利益は、電気代やインターネット代、ボランティアの交通費などにあてられる。それだけではない。シドレジョ村の人々にとっても、コーヒー豆の栽培・加工という新たな仕事は、所得を向上させるチャンスとなる。暮らしが豊かになることは、それだけ防災力を高めることにもつながる。

もともとインドネシアは世界的なコーヒー生産国だ。スマトラ島の「マンデリン」やスラウェシ島の「トラジャ」、そして世界一高価なコーヒー「コピ・ルアク」など、数々

* KOPI PETRUK

［写真22］

リンタス・ムラピのカフェスペースでくつろぐ

（2018年3月9日）

のブランドで知られている。しかし、コーヒー豆が売れても生産者が儲かっているとは限らない。シドレジョ村は植民地時代からアラビカコーヒーを生産していたが、豆1キログラムにつき500ルピア（約5円）と買い叩かれたために、今ではほとんど栽培が途絶えてしまっていた。

スキマンはコーヒー事業を始めるにあたって、豆を育てて収穫するだけでなく、自ら加工し、まともな値段の独自ブランドにして販売し、さらにカフェも運営することを選んだ。日本では「六次産業化」などと呼ばれる総合的な取り組みだ。単に原料を生産するよりも、より高い付加価値で販売することができる。

シドレジョ村の農家が収穫したコーヒー豆は、コピ・ペトル用であれば1キログラムにつき6000ルピア（約60円）の値段で買い取ってもらえるようになった。

しかし、美味しいコーヒーをつくるためには、めまいがするほどの手間がかかる。熟した実だけを選んで摘み、ていねいに皮をむき、水にひたして質の悪い豆を取り除き、乾燥させる。なぜそんな手間をかけなければならないのか？　シドレジョ村の人々はラジオを聞いてその重要性と手順を学び、ラジオ局の裏手に設置された加工機で焙煎や粉砕をしてコーヒーづくりをするようになった。

コミュニティラジオという村にとっての「メディア」であり「場」は、こんなかたちでも活かすことができる。

コピ・ペトルを拡販するにあたっても、これまで培われたリンタス・ムラピのネットワークやスキマンの人脈が大いに役立った。ラジオに出演するゲストやムラピ山への登山客は、コーヒーの香りで一息つき、苦みを舌で転がして楽しんでいる。ブランド名となっている「ペトル」は、ムラピ山の伝説的な守人だ。人形芝居の名手でもあるスキマンは、ペトルの人形を操りながらYouTubeでコーヒーを宣伝する。

コーヒーの大流行もスキマンの事業をあと押ししたようだ。2015年に公開されたインドネシア映画『珈琲哲學――恋と人生の味わい方』*が大ヒットし、「オシャレなカフェでコーヒーを飲むこと」が、観光に訪れた外国人だけでなく、インドネシアの若者にとっても当たり前のスタイルとなったのだ。街には毎週どこかでカフェが開業するようになり、自国での消費が一気に拡大した。

2020年現在、コピ・ペトルは、ジャカルタやスラバヤ、ジョグジャカルタといったジャワ島の主要都市に販路を持つまでになった。乾燥豆の販売価格は1キログラムにつき2万5000ルピア（約250円）。コーヒーはシドレジョ村の主要産業となりつつある。

＊原題：Filosofi Kopi

スキマンは、インドネシアの各被災地を訪れた際も、こうした、コミュニティラジオと生産者をつなぐことによる「特産品化」のアイデアを伝え、地域の復興を手助けしている。

災害ラジオが公式化

日比野の案内でシナムが日本の東北地方を訪れたとき、彼は「臨時災害放送局」の制度を知った。

日本では、地震や台風などの災害が発生したとき、被災自治体から総務省に電話を一本かければ、それだけで災害ラジオ局のライセンスが手に入る。そして公的な支援のもとに、復旧・復興のための放送ができるようになる。ここまで迅速な開局ができる制度は、世界でも日本にしかない制度だった。

「インドネシアにもこの制度が欲しい」

シナムはそう強く望み、日比野とともにアドボカシー活動に取り組みはじめた。ムラピ山の防災体制をモデルケースとして他の災害多発地域に横展開するとともに、ＪＩＣＡ

による防災研修プログラムの提供やナショナルセミナーの実施、国家防災庁や情報通信省との会議を重ねていく。

そして２０１８年9月28日に発生したスラウェシ島地震の際には、省令による臨時災害ラジオ局が立ち上がった。法的にはあやふやな立場だった災害ラジオが、インドネシアで初めて公式化した瞬間だった。

それから3年後の２０２１年。情報大臣規程7号により、災害ラジオの暫定設立許可がついに認められるようになった。日本の関係者との交流により、インドネシアは世界で二番目に災害ラジオの制度化を果たしたのだ。

また、中部ジャワ州ボヨラリ県や東ジャワ州クディリ県スンプ村などの自治体は、災害ラジオ・コミュニティラジオの活用を地域防災計画に盛り込んでおり、インドネシア全国の自治体に拡げていくモデルケースとなっている。

日本の臨時災害放送局を支援する

インドネシアは活火山だらけだ。噴火災害に備えるため、ジャワ島東部のケルート山にもバックパックラジオが配備された。さらにジョグジャカルタで開催された国際会議を通じて、バックパックラジオは少しずつ世界のコミュニティラジオ関係者に知られるようになった。持ち運びできる格安ラジオ局へのニーズは、災害対策に限らない。

〈FemLINK pacific〉は太平洋の島国で活動する、女性のためのコミュニティメディア組織。インターネットやラジオのネットワークを通じて、政治集会で発言できない女性の社会参加や、気候変動への対応、所得格差の改善などに取り組んでいる。彼女たちのバヌアツやソロモン諸島、トンガでの活動において、バックパックラジオが使えないか模索している。

南米の先住民によるコミュニティも関心が高いようだ。自分たちの文化、言語、音楽を守り伝えるためにバックパックラジオが使えないか、メキシコ、グアテマラ、ペルーから相談を受けた。

災害大国の日本ではどうだろうか?

日本では5G通信に対応するため、電波に対する制限が一段と厳しくなっている。バックパックラジオが海外向けに使っているFM送信機をそのまま使うことは難しい。また、数に限りがあるものの、災害ラジオを開局するための機材一式は総務省通信局が用意している。

そこでBHNは、「平時における災害ラジオ局の周知と開局支援」に取り組みはじめた。せっかく、臨時災害放送局という優れた制度があるものの、この仕組みの存在を知っている自治体の防災担当者は多くない。イベントなどで一日だけでも放送をしておけば、いざというときの備えにもつながるだろう。BHNは事務手続きから機材の運用、有事に放送すべき内容の訓練までをサポートする。もし興味を持たれた方がいれば、BHNテレコム支援協議会まで問い合わせてほしい。もちろん、防災無線をはじめとする対策が施されているのは知っているが、情報チャネルを多層化しておくことは重要だ。

そのとき、何が破壊されるのか。誰が生き残るのか。わかりはしないのだから。

6 おわりに　ナローキャストを始めよう

大きなテレビ局やラジオ局による放送を「ブロードキャスト」と呼びます。もともとは「種をまく」という意味の言葉です。それも、一粒ずつまくのではなく、大量の種をがばっと掴んでばさーっと畑にまく「ばらまき」を指します。

不特定多数を対象とするブロードキャストが発展するなか、対象や地域を限定した放送も重要ではないか？と考える人々が現れ、「ナローキャスト」の概念が生まれました。今では、コミュニティラジオやケーブルテレビ、特定の相手に対するインターネット通信などがナローキャストと呼ばれます。

ナローとは「狭い」という意味です。狭い・小さいといった言葉はふつう、ポジティブには用いられません。君の心は狭いねとか、器の小さな奴だなあとか言われたらムッとするでしょう。しかし、小さなラジオ局の狭い放送がどれほど防災に役立つか、あるいは地域に良い影響を与えうるか、この本を読んでいただければおわかりになるかと思います。

考えてみれば、この本の登場人物たちも最初の一歩はごく狭い範囲から始まりました。シドレジョ村で、長田区で、サミラン村で、竹竿のごときアンテナを掲げたところから、すべては動き出しました。バックパックラジオのプロトタイプは、審査委員席にすら届かない放送距離でした。放送技術をロクに知らず、マイクに向かって話しかけたことすらほとんどないアマチュアが、狭い地域で始めた活動だったのです。それが、いつの間にか多くの人を互いに巻き込みあい、インドネシアの法律を変えるほどのうねりになりました。

きっと、どんなことでもはじめの一歩は歩幅が狭く、小さなものなのでしょう。いきなり「すごいことをしろ」と言われたらたじろいでしまいますが、狭いこと、小さいこと、限られたことをしろと言われれば、気が楽になるのではないでしょうか。狭さという概念はもっと有効活用できそうです。

キャストとは「放る」という意味です。ナローキャストすること、狭いところに投擲(とうてき)することの良い点はなんでしょう。ひとつには、すぐ跳ね返ってくることです。閉じた範囲や、身近な相手に対する試行はフィードバックを受けやすいものです。世間の厳しい風にさらされる前に、その活動を改善しつつ育てることができます。種から芽へ、そして苗木へと。

そして、狭さとは実に自由です。スキマンさんはコミュニティラジオを「器(うつわ)」にたとえますが、器というものは見立てしだいで食器にも花瓶にも照明にも、変幻自在に扱えるものです。場面に応じて、いろんなものが中に入ります。ラジオ局かと思えば公会堂で、いつの間にかカフェにもなっているリンタス・ムラピは、狭くとも多様な存在が出入り可能な「器」として、まさに機能しています。

こうした狭さの活用方法は、コミュニティラジオ以外の活動、防災でも、地域活性化でも、ものづくりでも、また違った視点を与えてくれるのではないでしょうか。

この本を読んで、ぼくたちの活動に興味を持ったり、地元のコミュニティラジオを聴いてみようと周波数を合わせてみたり、あるいは自分たちの町のために放送を始めてみようという方が現れたのなら、それはとても嬉しいことです。

ですが、ラジオにぜんぜん関係なくとも、もし「こういうことをやりたいな」と思っていることがあれば、どうぞ、あなたなりのプロジェクトを始めてください。それがきっと、あなたにしかできないナローキャストになります。

藤田正治、宮本邦明、権田豊、堀田紀文、竹林洋史、宮田秀介「2010年インドネシア・メラピ火山噴火災害」、『京都大学防災研究所年報』Vol.55、2012年

"Sukiman Mochtar Pratomo Manfaatkan Radio untuk Pendidikan Mitigasi Merapi", Solopos.com, 2019, https://www.solopos.com/sukiman-mochtar-pratomo-manfaatkan-radio-untuk-pendidikan-mitigasi-merapi-970206

PART 2

大内斎之『臨時災害放送局というメディア』青弓社、2018年

松浦さと子編著『日本のコミュニティ放送　理想と現実の間で』晃洋書房、2017年

災害とコミュニティラジオ研究会『小さなラジオ局とコミュニティの再生　3.11から962日の記録』大隅書店、2014年

特定非営利活動法人エフエムわいわい『JICA草の根技術協力事業 ジャワ島中部メラピ山周辺村落における コミュニティ防災力向上（インドネシア）終了時評価報告書』、2016年

特定非営利活動法人 BHNテレコム支援協議会、https://www.bhn.or.jp/

高橋雄造『ラジオの歴史　工作の〈文化〉と電子工業のあゆみ』法政大学出版局、2011年

粉川哲夫編『これが「自由ラジオ」だ』晶文社、1983年

デイヴィッド・グッドマン『ラジオが夢見た市民社会　アメリカン・デモクラシーの栄光と挫折』長﨑励朗訳、岩波書店、2018年

UNESCO, "Community Radio Handbook", 2001, https://unesdoc.unesco.org/ark:/48223/pf0000124595

山中速人「多文化社会状況とコミュニティラジオ 多言語放送局 FMわぃわぃ(神戸市長田区)の経験と課題」、『マス・コミュニケーション研究』Vol.79、2011年

栗谷佳司『音楽空間の社会学　文化における「ユーザー」とは何か』青弓社、2008年

金千秋「阪神・淡路大震災から東日本大震災へ　多文化共生の経験をつなぐ」『GEMC journal』Vol.7、2012年

日比野純一「多文化・多言語コミュニティ放送局「FMわぃわぃ」の一〇年」『社会学雑誌』Vol.23、2006年

日比野純一「異文化間対話を促すコミュニティメディアの成立要件」、『龍谷大学大学院経済研究』Vol.11、2011年

日比野純一「世界コミュニティラシジオ放送連盟(AMARC)からの学び」、『社会科学研究年報』Vol.37、2006年

Oleh Redaksi, "Sinam Sutarno: Proses Perizinan Radio Komunitas Panjang dan Melelahkan", REMOTIVI, 2016, https://www.remotivi.or.id/wawancara/317/Sinam-Sutarno:-Proses-Perizinan-Radio-Komunitas-Panjang-dan-Melelahkan

深見純生「『ババッド・タナジャウィ』におけるムラピ山　精霊と火砕流」、『桃山学院大学総合研究所紀要』Vol.23、1997年

深見純生「ジャワにおける天変地異と王の神格化」、『桃山学院大学総合研究所紀要』Vol.40、2014年

アンドルー・マーシャル『インドネシアの荒ぶる神　火山と生きる』ナショナルジオグラフィック日本版、2008年、https://natgeo.nikkeibp.co.jp/nng/magazine/0801/feature01/index.shtml

田子内進「植民地期インドネシアにおけるラジオ放送の開始と音楽文化」、『東南アジア研究』Vol.44、2006年

"Radio komunitas", Wikipedia、https://id.wikipedia.org/wiki/Radio_komunitas

Iman Abdurrahman, "A Brief History of Radio in Indonesia: From Pre-Independence to Digital Age Period", https://medium.com/@abdurrahman2077/a-brief-history-of-radio-in-indonesia-from-pre-independence-to-digital-age-period-9d3d31d8b28

渡辺考『プロパガンダ・ラジオ』筑摩書房、2014年

参考文献

PART 1

大阪大学「未来共生イノベーター博士課程プログラム／マルチメディア教材」（副読本：『自然環境と地域文化の調和』 —— コミュニティ防災の視点から）、2016年、https://tcc117.jp/fmyy/wp-content/uploads/2016/03/osaka_univ_marged.compressed.pdf

Mario Antonius Birowo, "Community Radio and Grassroots Democracy: A Case Study of Three Villages in Yogyakarta Region, Indonesia", Department of Media and Information School of Media, Culture and Creative Arts, 2010

Ekanto Hasan, "Development of Lintas Merapi Community Radio by FMYY To Mitigate The Eruption Disaster of Mount Merapi", Japanese Literature Department Faculty of Cultural Science, Universitas Gadjah Mada Yogyakarta, 2015

Junta YANAI, Taichi OMOTO, Atsushi NAKAO, Kana KOYAMA, Arief HARTONO and Syaiful ANWAR, "Evaluation of nitrogen status of agricultural soils in Java, Indonesia", Soil Science and Plant Nutrition Vol.60, 2014

ハンス=ウルリッヒ・シュミンケ『新装版 火山学II』隅田まり、西村祐一訳、古今書院、2016年

外国人地震情報センター編『阪神大震災と外国人「多文化共生社会」の現状と可能性』明石書店、1996年

吉富志津代『グローバル社会のコミュニティ防災　多文化共生のさきに』大阪大学出版会、2013年

「シンポジウム〈震災ボランティアの10年〉」、『ボランティア学研究』Vol.5、2004年

「もろびとこぞりて　鷹取ボランティア物語」神戸新聞NEXT、2005年、https://www.kobe-np.co.jp/rentoku/sinsai/11/rensai/P20121129MS00153.shtml

日比野純一「ヨーゼフの眼鏡」、http://hibijun.blog16.fc2.com/

神戸長田の多文化・多言語コミュニティ放送局「FMわぃわぃ」、https://tcc117.jp/fmyy/

◉ 著者紹介

瀬戸義章　Seto Yoshiaki

作家・ライター

特定非営利活動法人 BHNテレコム支援協議会　プロジェクトオフィサー

1983年生まれ。神奈川県川崎市出身。長崎大学卒業。物流会社でマーケターとして勤務後、フリーに。

著書に『「ゴミ」を知れば経済がわかる』(PHP研究所)、共著に『ルポ 一緒に生きてく地域をつくる。』(影書房)。

雑草ラジオ――狭くて自由なメディアで地域を変える、アマチュアたちの物語

発行日	2023年1月20日　第1版　第1刷
著者	瀬戸義章（せと・よしあき）
発行人	原田英治
発行	英治出版株式会社 〒150-0022　東京都渋谷区恵比寿南 1-9-12　ピトレスクビル4F 電話　03-5773-0193 FAX　03-5773-0194 http://www.eijipress.co.jp/
プロデューサー	上村悠也
スタッフ	高野達成　藤竹賢一郎　山下智也　鈴木美穂 下田理　田中三枝　安村侑希子　平野貴裕 桑江リリー　石﨑優木　渡邉吏佐子　中西さおり 関紀子　齋藤さくら　下村美来
印刷・製本	中央精版印刷株式会社
校正	聚珍社
編集協力	和田文夫（ガイア・オペレーションズ）
装丁	竹内雄二

ISBN978-4-86276-328-0　C0030　Printed in Japan